前　言

　　人类历史有几百万年了，而有文字记载的历史却只有五千年。物品也好，典籍也罢，人类祖先的遗产留于今日的实在是冰山一角。然而，就是这冰山一角，在与时光的磨砺中又被蹭掉无数碎片而融化于流逝的长河中。每每提及，总是令人扼腕叹息！而面对那些人类遗存下来的仅有家底，静悟体味，怎能不让人产生无限的景仰之情呢？

　　遗失的东西成为今日追寻的踪迹。它不属于未知领域，也不是残缺的空白，而是丰富得令人难以想象的知识宝库。所以编辑这样一本反映世界文化与自然的书籍，不仅可以荟萃世界各地的文明菁华，促进多元文化的碰撞与交流，同时也便于将分散的、相互隔绝的地域连接，融合为一个整体，一个统一的光环带，来展示人类社会进步和发展的风貌。

　　因此，本书试图以遍及五大洲四大洋的古城堡、基督教堂、修道院、伊斯兰教清真寺、考古遗址、动植物保护区、宫殿御园、历史中心、国家公园等世界上最美丽、最具代表性的建筑为线索，通过对曾经发生于这些地方的重大事件、产生于这些地方的历史典故、奇闻轶事以及曾经活动于这些地方的著名人物的追述，使这些留存至今的静态建筑与流逝于历史长河中人类的动态活动相互印证，从静态的建筑中寻找人类活动的"蛛丝马迹"，从人类的活动中揭示静态建筑的人文内涵。在大量极具视觉冲击力的精美图片的映衬下，浓缩出五千年的人类文明史，从而激发读者对这些遗产地与人类社会生产生活关系的探索兴趣，并从中领悟到政治、宗教、民族文化、国际关系等因素的相互影响。

　　本套书籍共分四卷，分别以典藏亚洲、典藏欧洲、典藏非洲、典藏美洲及大洋洲为题逐次介绍，其中涉及到了120个国家的近800处遗产地。这些遗产地都是各地域的杰出代表，内涵丰富，有着极其珍贵的文化信息，对人类文明的发展起过无法替代的作用。诚然，能把人类的过去全景式地浓缩下来并加以展现，无疑是一件大有裨益的工作，人们可以凭此窗口扩大地理视野，拓展心理与活动空间。但这个窗口还是很小，不足以对人类历史的全貌有一个立体性的扫描。不过，我们的眼光会始终追随着探索的脚步，随着更多的世界遗产地的发现和确认，使这套丛书得到不断的丰富和完善。

典藏·欧洲　编委会
COLLECTION EUROPE

如何阅读本书

　　这本 **典藏欧洲**——是由两千多幅精美图片和编排成各种形式的文字内容组成。翻开目录，你就会发现本书是由欧洲各国最有代表性、最美丽的地方组成的欧洲文明画卷。主要内容及图片包括古城堡、基督教堂、修道院、伊斯兰清真寺、考古遗址、动植物保护区、宫殿御园、历史中心、国家公园等等。这些文字和图片将静态的建筑与流逝于历史长河中人类的动态活动相印证，展示了欧洲悠久的历史文化与人文地理。

简要介绍该遗产地概貌及历史变迁。

追述发生于该遗产地的重大事件、历史典故和人物，形象展现欧洲文明史。

图书正文分专题详细介绍该遗产地各部分及内部细节。

图片用来展示该遗产地全景，让读者有身临其境之感。

地图上的红点标示遗产所在国家的地理位置

以缩略图的形式简要介绍各遗产地及其地理位置。

进一步说明画面的内容

　　作为一本反映世界文化与自然的书籍，不仅可以荟萃世界各地的文明菁华，促进多元文化的碰撞与交流，同时也便于将分散的、相互隔绝的地域连接，融合为一个整体，一个统一的光环带，来展示人类社会进步和发展的风貌。

目录

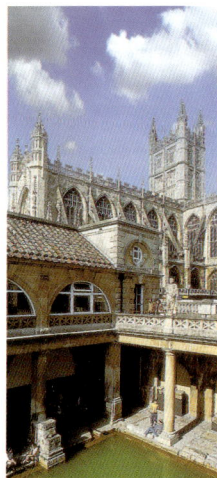

▲德国／科隆大教堂，历时632年，是欧洲建筑史上的奇迹。

▲荷兰／金德代克－埃尔斯豪特的巨人风车。

◄德国／黑森州－米塞尔化石保护区。

◄丹麦／西兰岛中部，始建于1170年的罗斯基勒大教堂。

▲挪威／奥尔内斯的木造教堂。

▲比利时／布鲁塞尔大广场上17世纪的行会建筑物。

▲卢森堡／卢森堡城的历史可以追溯到公元963年。

◄爱尔兰／斯凯利格·迈克尔岛的修道院修道士住的房屋。

▲奥地利／霍亨萨尔茨堡位于城北，是萨尔茨堡市的标志，是中欧地区保存最完整、规模最大的一座古城堡。

▲法国／卢浮宫内的拿破仑庭院与门前的玻璃金字塔。

▲瑞士／圣加仑修道院位于瑞士博登湖南部，建造历史可以追溯到612年。

▲葡萄牙／里斯本的航海纪念碑。

▲西班牙／安东尼·高第留给巴塞罗那的圣家族教堂。

▲西班牙／塞维利亚大教堂景观

▲哥伦布豪华石棺。（15世纪）。

欧洲之最

地理

最大湖泊：拉多加湖，位于俄罗斯欧洲部分，面积18 390平方千米

最长河流，伏尔加河，位于俄罗斯欧洲部分，长3688千米

最高点，厄尔布鲁士山，位于俄罗斯欧洲斯堪的纳维亚山脉上，海拔5642米

最低点，伏尔加河三角洲，位于俄罗斯的里海海沿海低地，低于海平面28米

政治

总人口：5 782亿

人口密度最高的国家：摩纳哥，15897人／平方千米

人口最多的城市：莫斯科，俄罗斯首都，人口890万

最大国家，俄罗斯，欧洲部分面积为3 955 818平方千米，总面积为17 075 400平方千米

最小国家：梵蒂冈，面积为0.44平方千米

欧洲

人口
- 5 000 000 以上
- 1 000 000 以上
- 500 000 以上
- 100 000 以上
- 50 000 以上
- 50 000 以下

欧洲北纬46°、西经5°－东经48°剖面图

加拿大
格陵兰（丹）

▲ 瑞典／北极圈内多沼泽、湖泊、冰川地貌。植物有松树、冷杉和苔藓，野生动物有海狸、棕熊。

▲ 波兰／克拉科夫的瓦韦尔教堂，建于14世纪，是重要的名胜古迹。

▲ 爱沙尼亚／塔林历史中心。

▲ 拉脱维亚／里加历史中心，右边是多姆大教堂。

▲ 立陶宛／维尔纽斯历史中心的大教堂。

▲ 俄罗斯／莫斯科的克里姆林宫外景（从莫斯科河右岸观看）。

▲ 白俄罗斯、波兰／别洛韦日国家公园和比亚沃扎国家公园内的针叶和针阔叶。

▲ 斯洛伐克／东部布拉尼斯科山麓斯克什斯凯·彼德赫拉杰城始建于公元12世纪，由一座要塞发展而来。

▲ 匈牙利／布达佩斯城市貌。

▲ 保加利亚／皮林地区有60多座海拔超过2500米的高山，公园内有茂密的森林、欧洲冷杉、欧洲野牛。

海拔
北
比例尺 1:22 500 000

▲ 梵蒂冈／圣彼得广场上的圣彼得大教堂。

▲ 意大利／威尼斯，停泊在港口的"刚朵拉"，远处的是圣马可教堂。

▶ 希腊／米罗的维纳斯（公元前3世纪～前1世纪）。

▲ 希腊／雅典卫城。

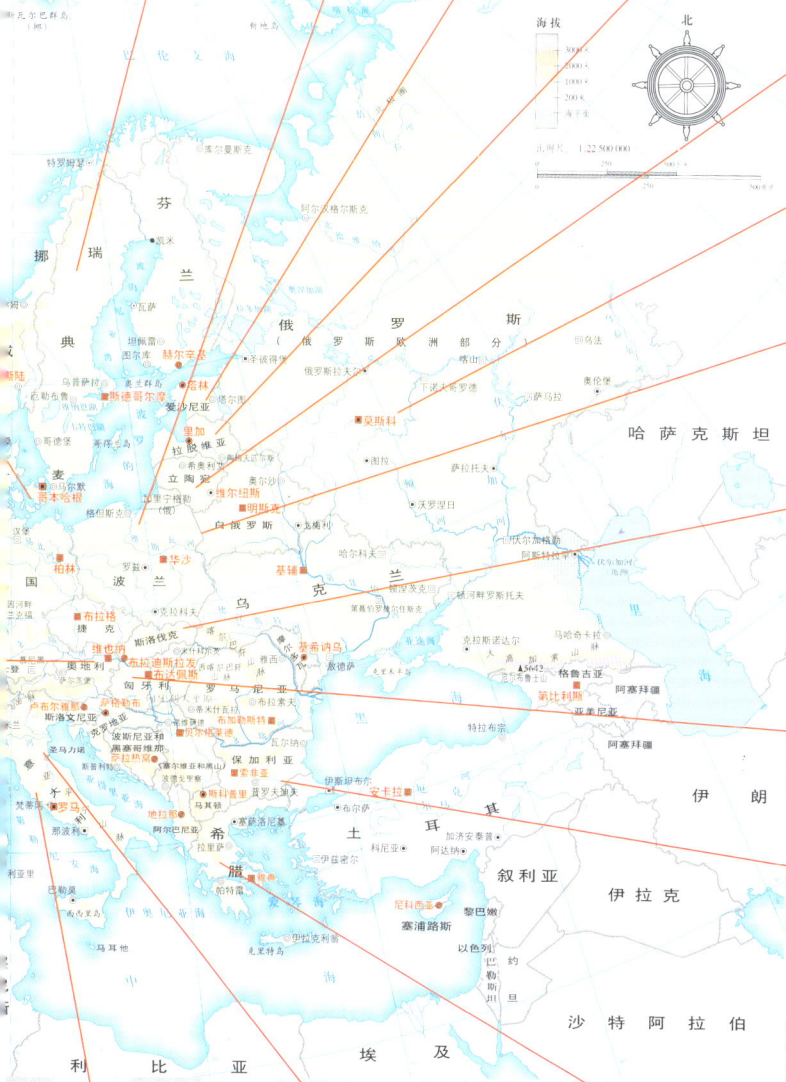

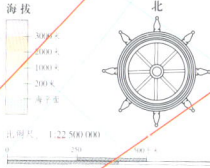

(1)瓦尔卡莫尼卡岩石画

位于意大利北部阿尔卑斯山的峡谷中。在峡谷内2400块巨大的岩石上，刻有14万幅石刻画，是在公元前刻成的，这些石刻画，是关于人类祖先各种活动的珍贵记录，为研究史前人类社会状况提供了珍贵的资料。瓦尔卡莫尼卡岩石画被联合国教科文组织认定为具有"突出的全人类"价值。(图为瓦尔卡莫尼卡岩石画局部)

(2)克雷斯皮·达达工业城市

位于意大利米兰东约30千米处。公元19世纪，克雷斯皮·达达即是当时的纺织工业基地。始建于1875年，由克里斯托夫·贝尼奥·克雷斯皮在米兰和贝加莫之间的丘陵地带建造。(图为克雷斯皮·达达工业城市街景)

□绘有达·芬奇《最后的晚餐》的圣玛利亚教堂圣餐厅和多明各会修道院

(3)维琴察及威尼托的帕拉蒂奥式建筑村落

位于意大利北部，是意大利文艺复兴时期建筑师帕拉蒂奥设计的，并以他的名字命名。主要建筑有长方形大教堂、奥林皮科剧场、基亚里卡蒂宫及罗通达别墅等。帕拉蒂奥的著述和建筑思路被称为帕拉蒂奥主义。(图为意大利罗通达别墅)

(4)帕多瓦植物园

位于意大利北部，距威尼斯35千米。帕多瓦的历史可以追溯到公元前302年。帕多瓦植物园是帕多瓦大学于1545年建成的欧洲第一个植物园。植物园呈圆形，象征着地球是圆的，外围有水流环绕，并有装饰性的入口和标杆，是设施完善的科研基地。

(5)摩德纳大教堂、市民塔、大广场

位于意大利中北部。摩德纳原为博伊伊人城镇，名胜古迹众多。摩德纳大教堂始建于公元1099年，是罗马艺术的杰作。(图为摩德纳大教堂穹顶)

(6)文艺复兴时期的都市费拉拉

位于意大利的费拉拉，坐落在波河沿岸。公元14世纪后逐渐成为欧洲最早的现代都市。费拉拉最著名的历史建筑是埃斯泰城堡和圣乔治大教堂。(图为埃斯泰城堡)

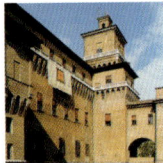

海拔

3000米
2000米
1000米
500米
200米
海平面

北

(7)皮恩扎历史中心

中心位于意大利中部的锡耶纳。皮恩扎是教皇庇护二世的出生地。因修建了许多著名的建筑，皮恩扎逐渐成为当时著名的宗教都城。皮恩扎主要建筑集中在庇护二世广场周围，主要有大教堂、皮科洛里宫、市政机关楼等。(图为市政机关楼)

(8)巴鲁米尼的石造城堡

位于意大利的撒丁岛，是当今世界上修建最精美、保存最完整的史前建筑物。城堡建于公元前2000年，全部用石块堆砌而成，外形像一个去了顶的圆锥。城堡内房间用枕木构成拱形，顶部漂亮而坚固。(图为巴鲁米尼的石造城堡遗迹)

□锡耶纳历史中心

□比萨的大教堂广场

□佛罗伦萨历史中心

(9)圣吉米亚诺历史中心

位于意大利锡耶纳阿尔萨河溪谷高处。城内有哥特式建筑，为意大利保存最好的中世纪城镇之一。它由城墙和两个市区构成。两个市区是建于公元13世纪的市区和建于公元14世纪的市区，分别由一道城墙包围。(图为圣吉米尼亚诺历史中心城市)

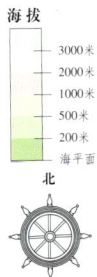

奥
士
脉
瑞
阿尔卑斯山脉
法
特伦托
▲4807 勃朗峰
奥斯塔
比耶拉
科莫
莱科
贝加莫
诺瓦拉
米兰
布雷西亚
维罗纳
▲4061 遮索山
韦尔切利
罗迪
克雷莫纳
曼托瓦
都灵
帕维亚
阿斯蒂
皮亚琴察
帕尔马
雷焦艾米利亚
摩德纳
博洛尼亚
库内奥
亚历山德里亚
44°
热那亚
热那亚湾
卡拉拉
拉斯佩齐亚
马萨
皮斯托亚
摩纳哥
摩纳哥
圣雷莫
因佩里亚
维亚雷焦
比萨
里窝那
佛罗伦萨
国
利古里亚海
锡耶纳
长尼尔巴岛
格罗塞托
8°
科西嘉岛(法)
利
萨萨里港
奥尔比亚
阿尔盖罗
努奥罗
撒丁岛
地
马科梅尔
真纳尔真图山
奥里斯塔诺
阿尔巴塔克斯
伊格莱西亚斯
卡利亚里
圣安蒂奥科岛
卡尔博尼亚
圣安蒂奥科
中

(10)卡萨莱的罗马纳镇

位于意大利北部,濒临阿尔卑斯山,是一个风光秀丽的小城镇。镇中有许多富有特色的古建筑,建造技术考究。最独特的是建在小山上的庄园,具有一定的历史与艺术价值。(图为卡萨莱的罗马纳镇的一处庄园与壁画)

意大利

总面积 301 318 平方千米

人口

⊡ 1000 000 以上
◉ 500 000 以上
◎ 100 000 以上
⊙ 50 000 以上
● 10 000 以上

(11)那不勒斯历史中心

位于意大利的那不勒斯。公元8~12世纪为公爵领地,1860年成为意大利王国的一部分。这里有著名的维苏威火山和被火山湮没1900多年的庞贝古城,有令人陶醉的卡普里岛,还有许多其他的名胜古迹。(图为意大利那不勒斯历史中心海岸)

(12)卡塞塔的18世纪王宫

位于意大利中部,距首都罗马约250千米,是18世纪中期由卡罗·博波尼建造的。(图为卡塞塔的18世纪王宫)

(13)阿马尔菲海岸

位于意大利那不勒斯东南阿尔菲海岸地区,自然风景优美。其历史可以追溯到中世纪的早期,阿马尔菲地区主要包括阿马尔菲和内温罗等城镇。现在这些城镇里仍有许多杰出的建筑与艺术作品,使人能够从中看到中世纪的文明。该地以其秀美的海滨景色、高耸的峭壁和风景如画的山腰间房屋著称。(图为意大利阿马尔菲海岸)

(14)蒙特堡

位于意大利的巴里,建于公元1240年前后,因外形像黄金铸成的王冠,被称为"高地上的金王冠"。(图为蒙特堡)

(15)阿尔贝罗贝洛的石顶圆屋

位于意大利的巴里。这些房屋的屋顶用灰色的扁平石块堆成高高的圆锥形,十分奇特。阿尔贝罗贝洛小城中约有1000个这样的圆屋。据说这样建造屋顶,是为了逃避税收。收税时,居民就把屋顶去掉,表示这里没有人居住。(图为圆形石屋的农舍)

(16)马特拉的石窟民居

位于意大利巴西利卡塔省。马特拉是一座建在格拉维纳峡谷西岸山岩上的城市,石窟民居在旧城的深谷坡地,居住住在岩壁上凿出的窟洞里,石窟内部结构简单,这种居住习惯始于史前时期。(图为马特拉的石窟民居)

(17)阿格里真托考古地区

位于意大利的西西里岛。公元前约581年由希腊殖民者建立。古城原址有极丰富的希腊遗迹。(图为阿格里真托考古地区的神殿)

□ 威尼斯及其港湾

□ 拉韦纳的早期基督教建筑

□ 罗马历史中心

□ 庞贝、埃尔科拉诺、托雷安农济亚塔考古地区

□罗马历史中心

　　罗马历史中心位于意大利的罗马和梵蒂冈。罗马是意大利的首都和最大的城市，古罗马帝国的发祥地，文艺复兴时期的艺术宝库之一。因建立在七个山丘之上，故有"七丘城"之称。罗马始建于公元前753年，由罗慕洛、瑞穆斯双胞胎兄弟中的罗慕洛所建。罗马于756～1870年为教皇国的首都，1870年成为统一后意大利的首都。罗马以古城闻名于世，名胜古迹很多。在宽广的帝国大道两旁，蠹立着帝国的元老院、宫庭、贞女祠、恺撒庙、君士坦丁大帝凯旋门。帝国大道东边的特拉亚诺市场，是古罗马的商业中心。市场旁蠹立着一根高40米的凯旋柱，柱上螺旋形的浮雕，描述了特拉亚诺大帝远征多瑙河流域的故事。还有威尼斯广场上的无名英雄纪念碑、古罗马的露天竞技场、万神殿以及罗马的水道、城墙、浴场、方尖石碑等。罗马还是天主教世界的中心，共有天主教堂300多座，大大小小修道院300多所，以及7座天主教大学。

　　□**万神殿**　又称潘提翁神殿，位于万神殿广场

朱里亚·恺撒

　　恺撒不但是雄辩家、著作家，还是优秀的军人、政治家。在战争中，他作为指挥官、战士及组织者，发挥了巨大的力量。公元前80年在土耳其首次参加战争，因勇敢而受表彰。公元前60年与庞培、克拉苏一起开始了"前三头"政治，第二年当选为执政官。公元前58～公元前50年征服高卢。公元前49年，从高卢率军攻入罗马，放逐政敌。公元前45年被任命为终身执政官。公元前44年在罗马被暗杀。

古罗马斗兽场和举行战车比赛的发卡形大竞技场，是模型的主要部分。斗兽场左边有6个广场。从右边蜿蜒而行的是克劳狄皇帝的多拱门引水渠，它是负责为该城供水的11条引水系统之一。在引水渠和大竞技场之间的巨国围墙建筑便是至高无上的克劳狄神庙。

远眺罗马市(左为圣彼得教堂圆顶)

罗马广场遗址(图中)占据了这幅鸟瞰照片的大部。其西侧(图最左侧)是最早修建的部分,包括元老院和贞女神庙。后增建的有诺瓦廊柱大厅(三道拱门)以及维纳斯和罗马神庙(图右)。帝国时代其他广场位于左上端。

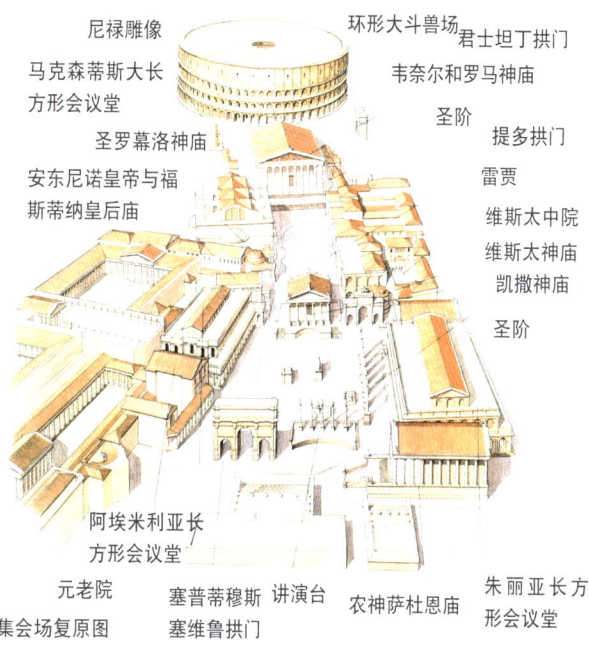

朱里亚·恺撒

尼禄雕像
环形大斗兽场
君士坦丁拱门
马克森蒂斯大长方形会议堂
韦奈尔和罗马神庙
圣罗幕洛神庙
圣阶
安东尼诺皇帝与福斯蒂纳皇后庙
提多拱门
雷贾
维斯太中院
维斯太神庙
凯撒神庙
圣阶
阿埃米利亚长方形会议堂
元老院
塞普蒂穆斯塞维鲁拱门
讲演台
农神萨杜恩庙
朱丽亚长方形会议堂
古罗马公共集会场复原图

南面，是罗马帝国的开国皇帝奥古斯都于公元前27年～公元前25年修建的，比斗兽场还要早一百多年，至今已有两千多年的历史。后被雷电击毁，公元120年～125年重建，至今仍保留其历史面目。神殿当时是古罗马唯一的大建筑，门廊呈长方形，有16根由整块的花岗岩雕成的巨柱支撑着古希腊式的三角形门顶。主体建筑是圆形结构，上面罩着的圆顶是世界古建筑中最大的。殿内没有一根柱子、一扇窗户，阳光从圆顶中央直径9米的开口处射进来，使神殿显得越发森严、肃穆。除供奉神祇外，殿堂里还有"画圣"拉斐尔和爱麦虞限的墓。

□科洛塞奥竞技场　世界八大古迹之一，位于罗马市内的台伯河东岸，是迄今留存的古罗马建筑最卓越的代表，也是古罗马帝国的象征。公元72年由维斯巴西安皇帝开始修建，其子蒂托斯皇帝于公元80年隆重揭幕。整个建筑占地面积2万平方米，周

罗马历史中心位于意大利的罗马和梵蒂冈。罗马是意大利的首都和最大的城市，古罗马帝国的发祥地，文艺复兴时期的艺术宝库之一(图为罗马台伯河和圣彼得大教堂圆顶)。

罗马行省的建立

公元前16年～公元5年屋大维为了加强与扩大帝国的社会基础，特别注意提高大奴隶主阶级的地位，扩大他们的特权。为扩大统治基础和加强对行省的统治，他也在一定限度内实行授予外省人以罗马公民权的措施。这无疑为以后罗马公民普选打下了基础。奴隶大众始终是罗马奴隶主国家加以严厉统治和残酷镇压的主要对象，帝国时期更变本加厉。从公元前16年起，罗马进军阿尔卑斯山东部和多瑙河上游地区，并于公元前15年建立西里西亚(今瑞士一带)和诺里克(今奥地利一带)两个行省。公元前12年以后，又征服了多瑙河中、下游，先后建立了潘诺尼亚(今匈牙利一带)和米西亚(今南斯拉夫和罗马尼亚一部)等行省。罗马军队经过长达18年(公元前12年～公元5年)的血腥征伐，终于吞并了莱茵河与易北河之间地区，于公元5年设立日耳曼行省。帝国疆域基本上固定下来。

神秘的埃特鲁斯坎人一直统治罗马的中心地带，直至公元前6世纪，吸收了其大部分文明的伊比利亚人开始形成罗马人(图为罗马伊比利亚人的雕塑)。

长527米，外直径188米，内直径56米，围墙高57米，可容纳8.7万观众。竞技场用淡黄色巨石砌成，是斗兽、赛马、竞技、阅兵、歌舞等的场所。外观呈正圆形，俯瞰实为椭圆形。分四层，一、二、三层有半露圆柱装饰，每两根半露圆柱之间即为一座大理石拱门，最上面一层装饰了为数不多的长方形窗户和长方形半露圆柱，极像一个现代化的多层看台圆

拉斐尔绘制的《亚历山大与罗克珊的婚礼》，装饰在梵蒂冈的35号房间内。

和大多数皇帝一样，尼禄也铸造带有他本人头像的钱币。这枚钱币是金制的，上面还刻有他的名字。

罗马

罗马于公元前8世纪由一些建在7座丘陵之上的拉丁人和萨宾人的村庄合并形成。在埃特鲁斯坎人的统治下(公元前7世纪~公元前6世纪),罗马被建成一座组织有序、拥有城墙和各色建筑的城邦,并很快成为大帝国的首都。在古罗马时期这里的人口达100万。蛮族部落的入侵迫使罗马采取防卫措施,修建了奥勒利安城墙(3世纪)。君士坦丁大帝在君士坦丁堡所建的第二都城给罗马造成了致命打击。由于皇帝的搬迁,罗马开始衰落,并受到北方蛮族的洗劫(410年、455年和472年)。后来罗马又开始成为基督教中心、教皇皇城和教廷首都(除了1309~1420年间教皇曾经迁到阿维尼翁居住),并开始新的繁荣发展。15世纪后罗马成为文艺复兴大艺术家们聚集的中心。从1848年开始,罗马逐渐脱离教皇国家的控制,成为统一的意大利国家的首都。

文艺复兴最初的创作是威尼斯宫的建造(1455年),紧接着是西斯廷教堂的装饰。教皇儒勒二世委托布拉特、拉斐尔和米开朗基罗等杰出艺术家创作的精品,如梵蒂冈城、圣彼得教堂以及带有教堂和贵族宅邸的新式城市规划使罗马成为古典文艺复兴的中心。1568年由维尼奥拉设计开工的耶稣教堂后来成为典型建筑。

罗马是巴洛克艺术风格开始显现的地方,这里先后涌现出马德诺、贝尔尼、普罗密尼和克托纳等大师的作品(建于1625~1639年的巴贝里尼宫就是四位艺术家的杰作)。最具巴洛克风格的地方是纳沃纳广场,上面有贝尔尼设计的喷泉和阿格内塞教堂。

主要博物馆除了梵蒂冈的博物馆外,还有米开朗琪罗设计的卡匹托尔博物馆、戴克里先温泉国家博物馆、朱利亚博物馆(埃特鲁斯坎艺术)、博盖塞艺廊(油画和雕塑)、国家古代艺术画廊(位于巴贝里尼宫和科西尼宫)、多利亚—潘菲利艺廊。

国王艾曼纽二世纪念堂

装饰君士坦丁凯旋门的浮雕,哈德良(左二)与他心爱的安提诺斯(左一)在巨狮的鬃毛上各踏上一只胜利者的脚。巨狮由皇帝在利比亚沙漠射杀。

罗马古代建筑与现代建筑相结合的风格

米开朗基罗·波纳罗蒂的《创造亚当》。约 1511～1512 年。湿壁画。罗马，梵蒂冈，西斯廷礼拜堂。

卡拉琪美术馆，有表现神话爱情的绘画如《朱庇特与朱诺》，对 17 世纪绘画产生巨大影响。

万神殿

奥古斯丁

　　圣奥古斯丁(354～430)，生于希波勒吉乌斯以南约72千米的小镇塔加斯特(希波勒吉乌斯即今阿尔及利亚滨海城市安纳巴，当时属罗马帝国努米底亚省，公元396～430年任罗马帝国非洲希波主教，是当时西派教会中举足轻重的人物，被公认为当时基督教最伟大的思想家。他把《新约》所揭示的信仰最完美地与希腊的柏拉图哲学融合在一起。他的思想影响到中世纪的天主教和文艺复兴时代的基督教(新教)。他撰写了著名的《忏悔录》。

　　奥古斯丁会广义指遵循圣奥古斯丁所制定的隐修规章的各男女修会，奥古斯丁会吏会于11世纪首先提倡神职人员过完全的共同生活，这在天主教各修会中是创举。到了1150年，奥古斯丁规章已普遍为许多会吏会所采纳。奥古斯丁会吏会兴旺发达，但在宗教改革时期，许多组织受挫。16世纪宗教改革家路德可算是该会最著名的修士。该会修士目前从事传教、教育和学术研究等活动。

　　万神殿得以如此完好地保存下来，证明了罗马帝国晚期建筑师和工程师先进的技术水平。

柱廊　　三角楣饰　藻中
　　　　　　　　　18世纪的
　　　　　　　　　镶板与窗帘
花岗石柱
科林斯柱顶

天窗"眼睛"

辅助拱
20英寸
厚的墙

形运动场。场中心的竞技、斗兽处也呈椭圆形，长约86米，最宽处为63米。台下改建许多地窖，供角斗士化装准备搏斗和关闭猛兽之用，有两道门通向地下室。据传说，当年竞技开幕时，总共有5000头狮子、老虎等凶猛野兽和由3000名奴隶俘虏、罪犯和受宗教迫害的基督教徒组成的角斗士，在此进行

博盖塞博物馆陈列的新古典主义作品。拿破仑·波拿巴之妹波利娜违背传统要求，模仿《维纳斯·维克特里科斯》，由卡诺瓦创作完成。

罗马教皇、神学家奥古斯丁

一束阳光从穹顶上唯一的采光口射入万神庙。毫无疑问，它象征着天眼将万物尽收眼底。这座建筑极好地表述了哈德良对世界的构想：以土地、天空、宇宙、帝国为象征，所有希腊－罗马神祇都以慈善的目光注视着罗马。

了100天的表演。此处成为当时帝王、贵族和奴隶主用角斗士的生命寻欢作乐的场所。公元249年，罗马建城1000周年，有200多名角斗士、32头大象、60头狮子、10只猛虎、6头河马、40匹野马和10只野狼死于角斗。直到405年，这种野蛮的竞技比赛才被"大发善心"的西罗马帝国皇帝霍诺留制止。这浩大的建筑共用了10万立方米大理石和3000吨铁。然而相传斗兽场建成后，它的设计师高登齐奥却被"活活地喂了野兽"。

□君士坦丁大帝凯旋门　位于科洛塞奥竞技场西面。建于公元315年。凯旋门采取古罗马的传统形式，由4根半露圆柱和3个拱门合组而成，中间的拱门尤为高大。凯旋门上、下、左、右都刻有歌颂君士

圆形斗兽场

罗马皇帝涅尔瓦（公元96～98年在位）。为了避免权力纠纷，涅尔瓦在死前宣布战功卓著的图拉真将军为继承人。

朱利厄斯二世是一位好战的教皇。1511年10月，他组织"神圣同盟"，德皇与英王均加入。朱利厄斯的目的是在英国的领土上重建教皇的权威，并结束法国在意大利的统治。他的口号是"把意大利的野蛮人赶出去！"1513年2月20日，意大利教皇朱利厄斯二世去世，他的墓穴四壁绘满了米开朗基罗的画。

坦丁丰功伟绩的各种图案和人物浮雕，还用了君士坦丁大帝之前的3位罗马皇帝的文物，包括图拉真广场建筑上的横饰带、哈德良广场上的一系列盾形浮雕和安装在凯旋门上的马克·奥勒留纪念碑上的8块镶板，使凯旋门更加雄伟壮观，且富有文物价值。

□**卡拉卡浴场** 位于科洛塞奥竞技场南，始建于公元212～217年，已有一千七百多年的历史，自5世纪中叶以来一直做浴场。浴场用大理石砌成，用嵌石铺地，有壁画、有雕像，用具也不寻常。房子高

罗马皇帝君士坦丁

(公元306～337年执政)君士坦丁于306年继承其父亲的皇位。313年，君士坦丁公布米兰赦令，准许基督徒信仰自由；324年，迁都希腊城市拜占廷，定名君士坦丁堡；325年，打败控制东部罗马的里西尼，成为唯一的统治者。

君士坦丁大帝的巨大青铜头像

修复后的图拉真石柱

大，分两层，都用圆拱门，里面金碧辉煌，与壁画雕像相得益彰。中间是大健身房，有喷泉两座，还设有图书馆等附属设备。洗浴分冷水、热水、蒸汽三种，可同时容纳2000人入浴。

□威尼斯广场 罗马最大的广场，位于内城中心跑马场街的一端，长130米，宽75米。广场南面有埃马努埃尔二世纪念碑。西边是威尼斯大厦，由巴尔保枢机主教于1455年兴建，为罗马最著名的文艺复兴式宫殿式建筑。巴尔保即后来的保罗二世。1797

君士坦丁凯旋门上的第二块哈德良时期的圆板壁饰。皇帝骑马追赶一只野猪，卷发的安提诺斯(中)也在骑马追杀。这块可追溯到哈德良时期的画板，在公元138年哈德良去世后177年，由君士坦丁装上凯旋门。

罗马的君士坦丁凯旋门

罗马古城的西班牙式阶梯。游客们来意大利既为观光，也为购物，"意大利制造的服装"已成为品质优良的代名词。

□**千姿百态的喷泉** 罗马是个多喷泉的城市，共有各种喷泉1300多个，其中最有名的要数特雷维喷泉了。它是为了纪念一位给古罗马军队指点水源的少女于18世纪中期修建的，俗称少女喷泉。喷泉中央是几尊大理石雕像，中间的是海神像，两旁是象征富饶与安乐的两位女神。"幸福喷泉"也是有名的喷泉之一，它是巴洛克艺术的杰作，于1762年由沙尔维设计建造。

年起，大厦被奥地利占据长达120年之久，1916年由意大利政府收回后加以整修刷新。墨索里尼上台后，把其作为官邸。墨索里尼垮台后，被改为艺术博物馆。大厦中间有一狮子，是威尼斯的标记，也是威尼斯保护神——圣马可的象征。

罗马市的"诚实之口"，由一个天然石质大圆盘雕成，传说撒谎的人把手放进去就会被吞没。中世纪时，被疑不贞的女子会被迫在回答问题时把手伸进海神的口中，并受到警告：最好说出真相，否则会被咬断手。

罗马市纳沃广场上的摩尔人喷泉

罗马市卡匹托尔山丘上的卡匹托尔广场，远处是元老院。

奥黛丽·赫本和格里高利·派克在罗马这座古城拍摄的著名爱情电影《罗马假日》，使罗马一举成名。

罗马市圣普拉克塞德教堂中的圣泽农小教堂用彩色马赛克装饰的穹顶，绘有基督和天使的画像。

罗马市纳沃广场上的摩尔人喷泉

□佛罗伦萨历史中心

佛罗伦萨历史中心位于意大利的佛罗伦萨。佛罗伦萨又叫"介罗伦斯"，现代意大利语中叫"翡冷翠"。它坐落在北亚平宁山山麓阿尔诺河河谷的一块平川上，四周丘陵环抱。佛罗伦萨在公元前1000年为埃特鲁里亚人的定居地，后被罗马人占领，公元前1世纪成为罗马帝国的属地。公元4世纪前成为繁荣的城市，后逐渐衰落。1115年，佛罗伦萨得到了重新发展。1284年，修建了高大的城墙。公元14世纪初，又增建了许多设施，城市面貌焕然一新，15世纪进入极盛时期。数家豪门（皮蒂、弗雷斯科巴尔迪、斯特罗齐、阿尔比齐等)为争夺该市统治权争吵不休。后来，梅迪奇家族一跃居诸家之上成为这个城市的统治者。18世纪上半叶，佛罗伦萨成了人

波提切利的《维纳斯的诞生》

意大利佛罗伦萨大教堂远景，主体部分于14~15世纪修建。近处为佛罗伦萨的阿尔诺河。

佛罗伦萨市圣马克修道院的壁画，安吉利科作。该修道院收藏了安吉利科的大部分画作。

文艺复兴时期的资助者梅迪奇头像

佛罗伦萨的历史

早在公元前8世纪时，就有一支有着维拉谨瓦文化的古意大利居民来到这里，在阿尔诺河和穆鸟内河之间定居下来。他们就是埃特鲁里亚人。公元前59年，罗马人在这里建起了方形古堡式城市。405年，佛罗伦萨第一次遭到东哥特人的围攻，佛罗伦萨人奋力抵抗，随后而来的拜占廷人于539年占领了佛罗伦萨。哥特人于541年夺取该市。在隆巴尔迪统治时期(570年)，佛罗伦萨获得了一定的自治。公元1000年前后建起了新的城墙，许多民用建筑宗教寺院先后拔地而起，艺术、文学和贸易不断繁荣。到了15世纪，这座城市持续兴旺。佛罗伦萨既是贸易中心，也是意大利文化和欧洲文化的发祥地。

马萨乔的《纳税金》。1425年。湿壁画。佛罗伦萨，加尔默罗会圣马利亚教堂，布兰卡西礼拜堂。

多莫教堂(1295~1467年)圆顶内部(1420~1467年)，由菲利波·布鲁内莱斯基设计。

佛罗伦萨主教堂

文主义和文艺复兴的中心，出现了像莱奥纳多·达芬奇和米开朗基罗这样的一代伟人，佛罗伦萨的声望达到了顶峰。1860年，在复兴意大利期间，托斯卡纳以投票方式并入意大利王国。佛罗伦萨还曾一度是王国的首都。

15世纪30年代，当时欧洲最大的银行家美第奇在这里当政，他大力兴建教堂和华丽的宫殿，积极扶持艺术，招募了许多著名的画家、诗人、建筑师和雕刻家，使佛罗伦萨出现了前所未有的艺术繁荣。15～16世纪，佛罗伦萨已成为欧洲最著名的艺术中心。意大利文艺复兴运动首先就是从这里轰轰烈烈地开展起来的，但丁、彼特拉克、薄伽丘、布鲁内莱斯基、乔托、波提切利、达·芬奇、拉斐尔、提香、米开朗基罗等都在此留下了不朽的大作。佛罗伦萨有40多个博物馆和画廊、60多座内部装饰华丽的宫殿，各种风格的教堂建筑数不胜数，整个城市好似一座充满艺术珍品的博物馆，尤以西尼约里亚宫（老

宫）、翡翠画廊、佛罗伦萨大教堂、钟楼、洗礼堂、马菲尔博物馆、比蒂宫最为著名。

□**西尼约里亚宫** 为一座瞭望台式的高耸塔楼，高94米，是典型的佛罗伦萨城堡式建筑，全部用方形石头砌成。文艺复兴时期是美第奇家族的私人住宅，现在是佛罗伦萨市政府所在地。宫内装饰极其华丽，藏有许多出自名师之手的油画和雕像。宫对面是西尼约里亚广场，有海神青铜雕像喷泉，是16世纪巴尔托洛梅奥·阿曼纳蒂的雕刻名作。还有班迪内利的《赫拉克里斯与卡科斯雕像》、贝韦努托·切利尼的《珀耳修斯雕像》、米开朗基罗的著名大理石雕像《大卫》的仿制品。毗邻西尼约里亚宫的四层宏伟建筑，就是驰名世界的翡翠画廊，其珍藏艺术品可与法国的卢浮宫媲美。

□**佛罗伦萨主教堂** 位于市中心，是意大利文艺复兴时期建筑物的瑰宝，仅次于梵蒂冈的圣彼得大教堂和伦敦的圣保罗教堂，是世界上第三大教堂。

始建于1296年，直到1436年才基本完工。教堂为托斯卡纳哥特式风格，外面全部用绿、白、红三色大理石装饰而成。教堂的巨大圆形拱顶坐落在八角形的基座上，但本身却没有固定的构架，上面是白色大理石的顶尖。教堂内的主体厅共有八根大柱，厅内壁画琳琅满目。尤其是迪·米凯利诺画的手持《神

主教堂：外立面的建筑充分表现了当时的时代风格。在用材方面，它用了与这座教堂其他部分相同的大理石及马雷马的粉红色大理石，装饰三座大门门楣的是圣母故事。雕刻的是众使徒和圣母像。

佛罗伦萨主教堂(多莫教堂)

曲》的但丁全身像壁画和米开朗基罗的晚年雕塑杰作《怜悯》，成为许多画家演习人体的透视画法和人体的各种姿势的最好材料。这里的绘画被称为人体的百科全书。

这座教堂真正的名字叫圣玛利亚教堂。它是许多艺术家好几个世纪劳动的结晶。1294 年，艺术公会委托阿诺尔夫·迪冈比奥建一座新教堂替代旧的圣雷帕拉塔教堂。工程一直持续到 1375 年，1461 年以安装镀金圆球而完工。教堂的外立面则是 19 世纪按哥特式风格建造的。

大圆顶：主教堂大圆顶是布鲁奈莱斯基的杰作，设计并建造于 1421 年到 1434 年间。这位巨匠在完成这一空中巨构的过程中没有借助于拱架，而是用了一种新颖的相连的鱼骨结构和以椽固瓦的方法从下往上循次砌成的。后来瓦萨里和祖卡里 (1572~1579 年) 在里面画了壁画。屋顶灯亭也是由布鲁奈莱斯基设计的。连灯亭算在内，教堂总高为 107 米。

主教堂内部：教堂严格按意大利哥特式规格设置，横宽竖长，气势轩敞 (是世界第三大教堂：长 153 米，宽 38 米，十字交叉处连耳堂宽 90 米)。正殿与偏殿两侧饰以条带的高大方棱柱，壁柱支撑着大跨度的略呈尖势的拱弧、拱肋，赋予大殿适度的节奏感。地板用五彩大理石铺砌，由达乌洛氏的巴乔与朱利亚诺和弗朗切斯科·达桑加洛及其他艺术家于 1526~1660 年完成。艺术作品中有蒂诺·迪卡麦诺作的昂托尼奥·道尔索墓 (1321 年) 和加多·加迪作的月形饰《圣母加冕》；左耳堂下部有丘法尼、多那太罗和纳尼·迪·巴托洛等人作的《焦书埃》、达·马亚诺作的《夸斯恰路皮胸像》和比奇·迪·劳伦佐作的《圣徒科斯马和达米安》组画。

圣雷帕拉塔教堂：佛罗伦萨老主教堂圣雷帕拉塔教堂是 4~5 世纪时在古罗马的一块宅地上建起来的。那是一座三殿式单后殿教堂建筑。拜占廷战争期间教堂被毁，7~9 世纪期间重建，其规模维持原样，但原先的圆柱被带槽的方棱柱所代替，另外还增加了两个礼拜堂，并在上面修建了唱诗堂，在后殿的外面建了两座钟楼。新主教堂圣玛利亚教堂就是以这座奉献给恺撒时期殉难的年轻圣徒的老主教堂为基础兴建的。新教堂在老教堂外围施工。1966 年，老教堂的遗迹重见天日。人们可以欣赏到昔日装饰老主教堂的壁画残片、一些神职和行政官员的墓石、用以注明布鲁奈莱斯基墓的石碑。

□ **乔托钟楼** 位于教堂右侧，高 82 米，是世界上最漂亮的钟楼之一。最早由著名艺术家乔托于 1334 年设计和开始建造，属于佛罗伦萨哥特式风格的建筑，比教堂本身更为华丽。钟楼内有 370 个台阶，登上楼顶俯瞰全城，佛罗伦萨市的名胜古迹和古城风光便可尽收眼底。

□ **洗礼堂** 位于教堂对面，呈八角形，属罗马式建筑。它有三扇镀金的青铜门，每扇铜门上都有各种各样的人物浮雕和后期拜占廷式的意大利最精

但丁

　　但丁(1265～1321年)，1265年双子宫时段(5月21日至6月20日)出生于佛罗伦萨。终生热爱自己的故乡，是意大利最伟大的诗人，西欧文学巨匠。他以其不朽的叙事诗《喜剧》(后改名《神曲》)而享有盛誉。这部中世纪文学巨著，反映基督教对人的现世与永恒命运的深刻看法。就其纯个人的方面而论，它描绘了诗人自己从故乡佛罗伦萨被流放的经历；就其最广泛的方面而论，它可以被当作一篇以穿越地狱、炼狱和天国的旅行形式出现的寓言来阅读。但丁不用拉丁文而选择意大利文来写作他的诗篇，从而对文学发展的进程产生了决定性影响。他不仅使其祖国初露头角的世俗文化获得了发言权，而且使意大利语在若干世纪内成为文学语言。除了诗作，但丁还写了从有关修辞学的讨论直到伦理学和政治思想等一系列重要的理论著作。他十分精通古典文学的传统，吸收维吉尔、西塞罗和波伊捷乌等作家之长为己所用。他还令人难忘地掌握了最新的经院哲学和神学。他在那个时代激烈的政治论战中，写下了中世纪政治哲学《帝制论》。

乔托钟楼：主教堂钟楼建于1334年至1359年间，由乔托设计。钟楼地平面呈正方形，每边长14.45米，通高89米。整个钟楼饰满了彩色大理石的镶嵌图案。乔托到他去世的1337年只完成了底部两层。四周分别装饰着六角形和菱形浮雕饰板。这些饰板是昂德雷阿·皮萨诺、卢卡·德拉·罗比亚、阿尔贝托·阿诺尔迪和他们的工作室的作品。下一层的饰板表现的是《创世纪时人类的生活》和《人间百艺》。上面一层的饰板表现的是天上《诸星宿》、人间《诸德行》、《诸善艺》和《圣事诸仪》。

佛罗伦萨杰出的诗人、
哲学家和神学家但丁。

美的镶嵌图案，形象逼真、姿态动人，是青铜浮雕大师吉贝尔蒂的杰作。他用了27年(1425～1452年)时间才把它雕成。

洗礼堂是4～5世纪建在古罗马佛罗伦萨北门的一座宗教建筑，建筑呈八角形。光洁的棱锥形屋顶建于1128年，其外部用绿、白色大理石装饰。圣约翰洗礼堂的南门饰有昂德雷阿·皮萨诺作的《洗礼者圣约翰的一生》和《人间美德》；北门饰有基贝尔蒂作的《新约故事》、《福音布道者》和《教会圣师》；被称为"天国之门"的东门是三座铜门中最著名的，为基贝尔蒂的旷世之作，描绘的《旧约全书》的故事，按情节分成十个画面。

□**巴尔捷洛宫**　外观庄重巍峨，建于1255年，最初是民众领袖驻地，后来相继被城市行政长官和法律委员会所占用。建筑物外墙体饰以简朴的石棱，下层门窗都带有一横楣，上面的窗户有单窗，也有双联拱窗。墙体顶部整齐的托架和连拱支撑着向外突出的堞墙。内部庭院三面有柱廊、拱券和壁柱。庭

洗礼堂内的建筑更为壮丽，地板和天花板都是用大理石制成的，四壁都是彩石镶嵌画，色彩鲜艳，栩栩如生。

洗礼处的天堂之门，1429～1452年，《约瑟的故事》局部，镀金青铜(79.5cm×79.5cm)，罗伦佐·吉尔贝蒂。

洗礼堂是4～5世纪建在古罗马佛罗伦萨北门的一座宗教建筑，建筑呈八角形。

院的墙上镶着几十个历任行政官和最高宗教法庭的法官的盾形徽记。1859年这里被改成国立博物馆，成为世界上最重要的博物馆之一。巴尔捷洛博物馆：壁柱加拱形结构的宽敞的门厅里装饰着13、14世纪历任城市长官的盾形徽记。这里的作品有蒂诺·达卡麦诺的《圣母子天使》、威尼斯派的《圣母子》、尼高拉·皮萨诺的《圣水池底座》以及焦瓦尼·皮萨诺

阿马纳蒂的《丽达与天鹅》

收藏有文艺复兴时期雕塑的巴尔捷洛宫底层大厅

巴尔捷洛宫及沃洛尼亚那塔楼,与之相对的是巴迪亚钟楼。巴尔捷洛宫是一座城堡建筑,外观庄重朴素,带城垛的塔楼给人以巍峨雄壮的感觉。1859年这里被改成国立博物馆,成为世界上最重要的博物馆之一。主要收藏文艺复兴时期的雕刻作品和各个时期小型的艺术品。

(大约1328年)的《圣母在圣彼得与圣保罗之间》。在露天楼梯下面的厅里可以看到米开朗基罗的一些重要作品。

桑索维诺也有一件《酒神巴库司》,可与米开朗基罗的相媲美。这个厅里还收藏着切利尼为艾尔巴岛的波托费拉耀港作的一件《科西摩一世青铜胸像》。从露天楼梯可以登上陈列着众多16世纪艺术家雕塑作品的楼上连拱廊。这里收藏的青铜雕塑《大

保罗·乌切洛的《圣罗马诺之战》。约1445年。木板蛋彩画。182.9cm × 322.6cm。佛罗伦萨,乌菲齐美术馆。

卫》被认为是文艺复兴时期第一个裸体雕像。

□**市政广场** 佛罗伦萨市政广场因其周围的精美建筑而被认为是意大利最美的广场之一。它始建于13、14世纪，最初建干被拆除的乌贝蒂、佛拉伯斯基及其他皇帝派家族的房屋地基上。广场东南角的行政中心韦基奥宫雄视整个广场。韦基奥宫左侧是美丽的晚期哥特式风格的琅琪敞廊。敞廊由本齐·迪乔内和西莫内·托冷蒂于1376～1382年建造，里面陈列着一组重要的雕塑作品，包括切利尼的《帕尔修斯》(1554年)和章博洛尼亚的《海克力斯与半人马》。建筑的右旁是巴托洛米奥·阿曼纳蒂和他的助

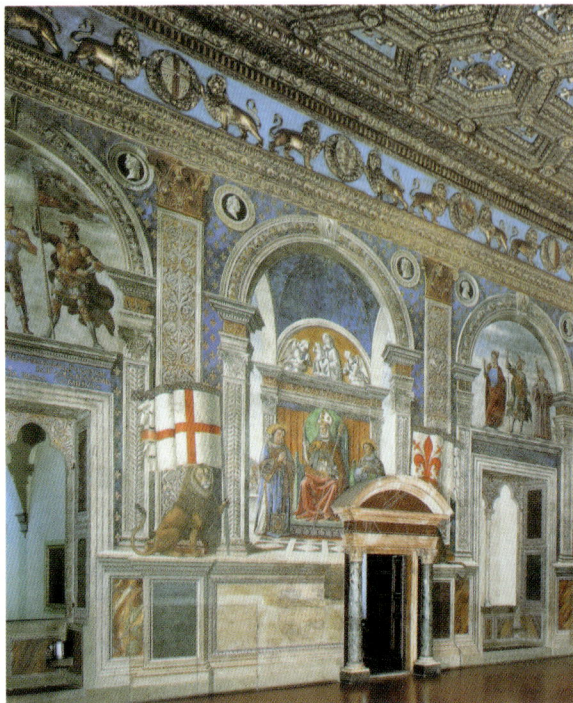

百合花大厅(1472～1481年)，由连诺·达·迈亚诺与伊尔·弗朗西奥内重塑、多梅尼科·吉兰达约绘制的壁画(1481～1485年)。

市政广场和韦基奥宫
(1299～1310年)，西部正面。

手们完成的《海神喷泉》(1563～1575年)。水池正中海马拉的双轮战车上立着巨大的白色海神像，佛罗伦萨人称它为"大白雕"。水池四周还有多姿多彩的青铜器雕像。喷泉的北边竖立着章博洛尼亚作的科西摩一世骑马像(1594年)。广场四周是造型朴素的历史建筑。

□**韦基奥宫** 始建于1294年的韦基奥宫是一座专供佛罗伦萨行政长宫居住的城堡式楼宇。这座带有城垛的巨大方形建筑由阿诺尔佛·迪冈比奥设计。94米高的塔楼建于1310年。塔楼下方是一个长廊。整个建筑外部由大小不等的粗糙方石块砌成。主体部分分四层，开有双联半圆拱窗。整体造型壮丽巍峨。1343到1592年间，瓦萨里、克劳纳卡和绷塔伦蒂等人对阿诺尔佛设计方案中的内部和外部结构都作了重要修改和补充。塔楼的大机械时钟安装于1667年。大门两边立着执铁链者雕塑。上面有科西摩一世1551年演说铭文。楼底下左前方，就是阿马纳蒂作的《海神喷泉》。

韦基奥宫前面有一块不大的台子，上面摆放着雕塑，其中有米开朗基罗的《大卫》复制品。《大卫》原作1873年被移走，现收藏于学院画廊。另一件是邦迪奈里的组雕《海克力斯和卡科斯》。大门上面有一块山墙式蓝底饰屏，饰屏两边立着两个石狮。

韦基奥宫内部：韦基奥宫就是米开罗佐庭院，瓦萨里的镀金灰泥柱和壁画，院子中央有韦罗基奥的《抱鱼神童》喷泉。从瓦萨里的宽敞楼梯可以登入富丽堂皇的五百年代大厅和瓦萨里创作的弗朗切斯科一世工作室。这里有布隆齐诺、桑蒂·迪蒂托的绘画，还有章博洛尼亚和阿马纳蒂作的青铜雕像。每个纪念套间都有若干个油画和壁画收藏丰富的厅室。雷奥内十世厅现在是市长办公室。克雷门特七世厅里瓦萨里的著名壁画《包围佛罗伦萨》，向我们展示了佛罗伦萨16世纪时的详细面貌。

16世纪大厅(韦基奥宫)于1542～1560年修建

韦基奥宫(1299～1310年)大门入口

五百年代大厅：这个大厅以年代命名。是指1500年至1599年的一百年。梅迪奇家族第二次被逐出佛罗伦萨后，这里被作为议会厅。由克罗纳卡设计，瓦萨里负责室内装饰工作。天花板和墙上的绘画描绘了科西摩一世大公凯旋佛罗伦萨，赞美了梅迪奇大公领地，记述了征伐比萨和锡耶纳的故事。在众多大理石雕塑中有米开朗基罗的《天才战胜粗暴力量》。

百合花厅：有瓦萨里的艾雷奥诺拉·迪·托累朵套间、会见大厅以及特别值得一提的百合花厅。这个厅的四壁装饰着蓝底金色百合花图案。它的天花板由乔瓦尼·达马亚诺和弗朗乔内所作。一个大理石门联通会见大厅。大厅的墙上有多梅尼科·吉育达耀作的大幅壁画。

□圣十字教堂　圣十字教堂是纯哥特式建筑风格，因收藏有著名艺术作品而具有重要的历史地位。它是阿诺尔佛·迪冈比奥于1294年开始建造的，到1443年才祝圣启用。其三山式处立面建于19世纪（由马塔斯设计），右侧轻型连拱廊下面有一座14世纪弗朗切斯科·帕齐的墓。隐修院、帕齐礼拜堂以及圣十字博物馆都在这一侧。教堂里宽大的正偏三殿间以八棱列柱，列柱上飞起大跨度的双沿尖顶连

真蒂莱·达·法布里亚诺的《东方圣贤来拜》

拱。从入口到三在殿尽头，整个地板都是用旧墓石铺成的。后身耳堂设有好几个礼拜堂，中心礼拜堂里有阿乌洛·加迪1380年画的壁画《圣十字架传说》。祭坛上有杰里尼作的多联画《圣母和圣徒》，上面是乔托工作室作的《殉难十字架》（根据劳伦佐·基贝尔

圣十字教堂(帕齐小礼拜堂)

波提切利

波提切利(1445~1510年)，佛罗伦萨早期文艺复兴画家。他艺术中的人文主义精神与古代文化紧密相连。所作《维纳斯的诞生》(约1485年)和《春》(1477~1478年)被现代评论家誉为文艺复兴精神之代表。最具个人风格，擅长表现情感。他幼年随金银匠学艺，后成为僧侣画家利波利比的门徒。著名艺术家马萨乔对他也有较深影响。以浅浮雕形式为基础，富有韵律的轮廓线与明确固定光的人物组成画面，显示出自己的特点。为梅迪契别墅所作《春》和《维纳斯的诞生》是其艺术成熟的代表作。《神秘的基督降生图》为1501年晚期作品。晚年依靠圣路加公会的津贴勉强度日。由于背离古典主义传统，死后几百年中，其艺术一直不受重视，直到19世纪浪漫主义运动中，英国"拉斐尔前派"才"重新发现"他。评论家开始撰文推崇他的"线描风格"和高度的幻想式情感。尽管他画了不少宗教画，但主要追求生命力和诗意的表现，把古代人们想像的奥林匹斯众神按文艺复兴精神展现给观众。

圣十字教堂

圣十字教堂(1294～1400年)，中殿，由阿诺尔福设计。

波提切利的《春》

蒂的设计稿绘制）。往下还有多梅尼科·吉朗达耀作的《洗礼者圣约翰和圣方济各》壁画(1450年)。位于右臂耳堂的卡斯特拉尼礼拜堂绘有阿乌洛·加迪精美的壁画《诸圣徒故事》(1385年)。

□**新圣玛利亚教堂**　多明各会修士西斯托和里斯托罗二人从1246年开始在10世纪时的多明各会葡萄园圣玛利亚讲道堂原址上建起这座教堂。他建造了正门和整个上面部分，用白色和墨绿色大理石镶砌成方框连结。出资赞助这项工程的鲁切来家族的纹章帆作装饰。教堂内藏有14、15和16世纪的许多美术作品。

□**乌菲尔博物馆和"旧桥"**　旧桥位于佛罗伦萨市阿诺河上，建于10世纪，1333年曾被阿尔诺河的洪水冲毁，14世纪中期重建。桥上有廊，古风盎然。石桥两端连接举世闻名的乌菲尔博物馆和皮提美术馆。两馆隔河相望，不仅外观壮丽，其内也是绘画的精华荟萃所在。其中拉斐尔的《圣母像》、提香的《佛罗拉》、波提切利的《维纳斯的诞生》都被列为神品珍藏在这里，叫人流连往返。

□**比蒂宫**　坐落在阿诺河南岸的山坡下，前面是开阔的广场，后面是依山建筑的公园。宫内设有宫廷画廊、现代艺术画廊、珍宝馆等。在宫廷画廊里保存着意大利、西班牙和佛兰芒艺术学派的许多杰作，特别是绘画大师提香和拉斐尔的作品。

新圣玛利亚教堂建于1246～1470年，正面建于1310～1470年。

巴齐礼拜堂和圣十字博物馆。建于1443年，由德西德廖·达·赛蒂尼诺、卢卡·德拉·罗比亚、朱利亚诺·达·马亚诺负责装饰。其科林斯式柱廊建于礼拜堂之先。圆台形小圆顶与灯亭完工于1461年。其内部装饰被认为是宝贵的文艺复兴风格和谐协调的范例。图为圣十字教堂大厅的绘画作品。

新圣玛利亚教堂

新圣玛利亚教堂的大礼拜堂可以看到祭坛上章博洛尼亚的青铜《十字架耶稣》以及多梅尼科·吉朗达耀的《洗礼者圣约翰的故事》和《圣母故事》壁画(15世纪末)。贡迪礼拜堂由朱利亚诺·达圣加洛设计。拱形圆屋顶上有13世纪希腊画家的壁画残片。斯特洛齐·迪·芒托瓦礼拜堂后墙上有《最后的审判》壁画,右墙上有《地狱》壁画,左墙上有《天国》壁画。这些壁画由那多·迪乔内和奥尔卡尼亚作。

新圣玛利亚教堂建于1246~1470年,中殿建于1246~1310年。

佛罗伦萨市阿尔诺河上的旧桥(建于1345年),桥上有经营金银珠宝的商店。

□**梅迪奇礼拜堂** 梅迪奇家族诸礼拜堂位于劳伦佐教堂的后身，占据了地下室和多处厅堂。梅迪奇家族墓就设在这组厅大而华丽的建筑结构里。始建于1602年，完工于18世纪。内部为八角形，全部用大理石和硬质石镶饰，巴罗克风格。这里是由博翁塔冷蒂设计的宽阔矮墙。这里有多那太罗、老科西摩、洛林王朝和其他大公的墓。从楼梯可登入宏大的诸亲王礼拜堂，它由尼杰蒂设计(博翁塔冷蒂参与)。沿墙上方装饰着托斯卡纳大公园16座城市的盾形纹章。厅里有科西摩三世、弗朗切斯科一世、科西摩一世、费迪南多一世、科西摩二世、费迪南多二世诸大公6个雕花大理石石棺，其中两位大公石棺上有塔卡作的石雕卧像。一道长廊从诸亲王礼拜堂通向新圣器室。

梅迪奇礼拜堂诸亲王礼拜堂的天顶

梅迪奇礼拜堂祭坛

新圣器收藏室：从梅迪奇礼拜堂可以进入位于圣劳伦佐教堂右耳堂的新圣器收藏室。它是米开朗基罗于1520年建立的。他以生动的装饰推翻了布鲁奈莱斯基严格的空间平衡。米开朗基罗还是梅迪奇家的内穆尔公爵朱利亚诺墓和乌尔比诺公爵劳伦佐墓的作者。在朱利亚诺墓上有他的名作《昼》与《夜》，而《晨》与《暮》则在劳伦佐墓上。

罗伦佐·德·美第奇之墓上的《晨》(1518～1534年)，大理石(罗伦佐高178厘米)，米开朗基罗·波纳罗(蒂圣罗伦佐教堂)。

宫中礼拜堂中的戈佐利的壁画《圣师们抵达伯利恒》

米开朗基罗的雕塑杰作《大卫》

□**梅迪奇利卡尔迪宫**　卡尔迪宫是老科西摩为他自己和他的家庭建的寝宫，建于1444年到1464年，是文艺复兴时期贵族宅邸的典范。工程由米开朗基罗负责。1655年利卡迪家族买了这座建筑，以后对它进行了改建。外部墙体，下层用粗打大石块砌成。戈佐利1459～1460年作的著名壁画《圣师们抵达伯利恒》收藏在礼拜堂内(也是米开朗基罗所建)。

□**学院画廊**　学院画廊所指的"学院"不是它隔壁的佛罗伦萨美术学院，而是现已不存在了的佛罗伦萨历史上的一个绘画学院。学院画廊收藏着米开朗基罗许多雕塑作品。在通往主展台的房间挂有壁毯，为佛罗伦萨主教堂作的《圣马太》和为罗马圣彼得教堂朱里奥二世作的四个《囚徒》(或称《奴隶》)，这五件未完成的作品中的形象似乎要从大理石的禁锢中奋力解脱出来。宽敞的主展台上放着《大卫》(1501～1504年)的原作。在主展台右边的三个小厅里藏有拜尔那多·达迪作的许多圣龛和焦瓦尼·达米诺漂亮的《悲切》。左边三个小室里藏有14世纪艺术家的作品。

《大卫》(1501～1503 年)局部：右侧头像。大理石，米开朗基罗·波纳罗蒂

米开朗基罗·波纳罗蒂的《创造亚当》。约 1511～1512 年。湿壁画。罗马，梵蒂冈，西斯廷礼拜堂。

米开朗基罗

　　米开朗基罗(1475佛罗伦萨共和国卡普雷塞～1564罗马)，在世时即被认为是当时活着的最伟大的艺术家。他在绘画、雕塑和建筑领域的许多作品属于现存最著名者之列。西斯廷小教堂(梵蒂冈)的天顶湿壁画大概是他的作品中在当今最广为人知者。米开朗基罗一生都在创作大理石雕刻，人们对西斯廷天顶画的高度评价在一定程度上反映了绘画在20世纪受到了更大的重视。他是在世时即有传记问世的第一位艺术家，而且有两部相互对立的传记。第一部是由画家和建筑家 G.瓦萨里撰写的艺术家传记(1550年)中的最后一章。这是唯一论述在世艺术家的一章，并且明确地将米开朗基罗的作品描述为绝顶完美的艺术，远远超越了他之前的所有艺术家的成就。由于才华横溢，他受到该城的统治者、人称伟大的罗伦佐·德·梅迪契的庇护。更重要的是，他由此得以见到梅迪奇家族的艺术收藏，其中大多为古代罗马作品雕像。这一时期的佛罗伦萨被认为是主要的艺术中心，产生了欧洲最优秀的画家和雕塑家。米开朗基罗则是位理想主义者，他信奉新柏拉图主义学说，他更关心的是表现永恒的抽象真理。1534年，米开朗基罗最终离开了佛罗伦萨，尽管他一直希望能回去完成那些尚未完成的工程。他在罗马度过了余生，所进行的工程有些也很宏伟，但大多数是全然不同的新工程。他现有诗歌约300首，尚不包括零散的一二行诗句，其中约有75首是完整的十四行诗，95首为完整的抒情短诗。1534年，米开朗基罗为新教皇保罗三世在西斯廷小教堂的墙壁上绘制了巨幅《最后的审判》。画面右侧，冥界渡神正将众生灵渡过冥河，这是非基督教的主题，但丁在《神曲》中曾使之为基督教徒所接受，翁布里亚艺术家西纽雷利在1500年左右曾将这一主题引入绘画。米开朗基罗极为推崇这位艺术家通过精确的解剖以表现戏剧性感情的技巧。米开朗基罗晚年较少从事雕塑，而更多投身于建筑以及绘画和诗歌，但在建筑方面他并不需要付出任何的体力劳动。米开朗基罗去世前一直是圣彼得大教堂的首席建筑师。他最后创作的绘画作品是梵蒂冈保罗小教堂中的湿壁画。米开朗基罗晚年的诗歌也有了新的特色，主要是十四行诗，均为非常直接的宗教语句，使人联想到祈祷文，不再具有精美的用词和精彩的思想。

米开朗基罗作的《晨》，安放在梅迪奇两位公爵墓上。

《圣母与孩子》
(圣罗伦佐教堂)，
1520年，大理石(高
226厘米)，米开朗基
罗·波纳罗蒂。

《圣母和孩子与圣约翰在一起》，1503~1505年，
大理石(85.5×82厘米)，米开朗基罗·波纳罗蒂。

□威尼斯及其港湾

　　威尼斯及其港湾位于意大利威尼斯，始建于公元5世纪，从公元10世纪开始发展。公元14世纪中叶，威尼斯进入全盛期，成为意大利境内最强大、最富有的海上共和国，为地中海贸易中心之一。公元15世纪，随着哥伦布发现美洲大陆，逐渐走向衰落。1797年被奥匈帝国吞并，直到1866年才成为意大利王国的一部分。威尼斯港是意大利最大的港口之一，港口长12千米，总面积达250公顷，伸展出去，宽阔广大，每年进出港口的船只在万艘以上。威尼斯不仅风光奇特，而且还是文化名城，早在文艺复兴时期，威尼斯画派就独树一帜。乔尔乔涅、提香、波提切利、丁托列托、委罗内塞等都是画坛著名大师。在意大利歌剧艺术发展史中，威尼斯也占有重要地

威尼斯商人——马可·波罗

　　马可·波罗(约1254，威尼斯)，威尼斯商人、冒险家和杰出的旅行家。1271~1295年从欧洲到亚洲旅行，并在中国逗留了17年。1275年他第二次抵达元大都时，向忽必烈大汗递交了教皇的书信。马可会讲蒙古人流行的突厥语，也许还会讲蒙古语。根据他口述而成的《马可·波罗游记》记叙了他的东方见闻。此书成为经典的地理著作，对沟通东西方文化和以后新航线的开辟均有巨大影响。

德文版的马可·波罗游记之木板图

贡多拉撑船的威尼斯人

意大利威尼斯利亚德桥运河

大运河区金碧辉煌的府邸

位。城内古迹众多，有120座哥特式、文艺复兴式、巴洛克式教堂，120座钟楼，64座男女修道院，40多座宫殿和众多的海滨浴场。歌德与拜伦都曾对威

在建筑上，威尼斯被东方世界的咒语迷惑，将拜占廷的精神融入了哥特式的铸模。

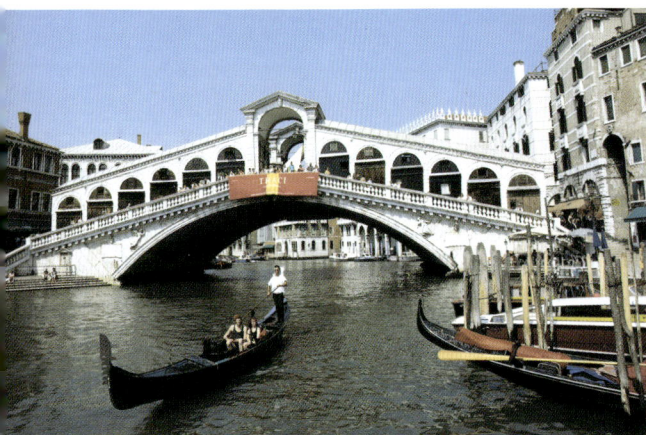

圣乔治的清晨(上) 威尼斯贡多拉平底小船(下)

尼斯城赞扬备至，拿破仑则称之为"举世罕见的奇城"。

□**威尼斯桥** 威尼斯有400多座桥，这些桥的造型千姿百态，风格各异。有的如游龙，有的似飞虹，有的庄重，有的小巧。其中最著名的是利亚德桥，造型为单孔拱桥，用大理石砌成，建于1592年前后。桥长48米，宽22米。它曾出现在莎士比亚《威尼斯商

泻湖岛上的城市

威尼斯不是建在水上而是在水里，这其中的差异很大。事实上，威尼斯的地基不是成堆的木材或木棒，而是被运河分隔、潮水拍打、潮汐流动而淤积的层层泥巴和细沙的沙洲。威尼斯人设计了一套复杂的系统，在不失稳定性的情况下，让建筑物更轻、更具弹力。当时的建筑结构方式不仅具独创性，也很精巧，有些还保存了上千年。为了让沼泽地也可以变成建筑地，早期的市政府同意让压充物和木材倾倒在这个区域，这个作法导致泥和泥层的形成。不过泻湖岛的底部是经过压缩的泥沙。为解决地质不稳定的问题，泻湖岛上的建筑支柱都是以森林木材堆叠，深深地打进底土层。来自阿尔卑斯山的木材，落叶松超过百万根，与大理石相混合作为泻湖地基，形成独特的、坚实的泻湖城。

上图威尼斯港是意大利最大的港口之一，图近景为总督府全景。

下图哥特式黄金屋的庭院

罗登总督，一位伟大的外交家，1501年起执政，在位20年。

圣马可广场与圣马可教堂的钟楼

人》中。"叹息桥"也享有盛誉，建于1600年，架设在总督宫和监狱之间的小河上，因死囚被押赴刑场的时候经过这里常常会发出叹息而得名。

□**圣马可广场和圣马可教堂** 威尼斯最著名的名胜古迹之一。在圣马可广场入口处，有两根高大的圆柱，东侧的圆柱上挺立着一只展翅欲飞的青铜狮，它就是威尼斯的城徽——飞狮。飞狮左前爪扶着一本圣书，上面用拉丁文写着天主教的圣谕："我的使者马可，你在那里安息吧！"挺立着飞狮的圆柱两侧，一边是宏伟庄重的圣马可图书馆，一边是富丽堂皇的公爵宫。经过它们之间的小广场就到了世界著名的圣马可广场。广场东西长170多米，西边宽55米多，东边宽约80米，略呈梯形。南、北、西

威尼斯圣马可教堂广场钟楼

令人畏惧的十人议会厅，屋内的天花板上装饰有维洛内些的画。

三面被宏伟壮丽的宫殿建筑环绕。这些建筑和谐优美，建筑物上的石雕生动逼真。东面耸立着高98.6米的圣马可钟楼和融东西方建筑艺术为一体的圣马可教堂。教堂内壁布满了用瓷片镶嵌的壁画，被誉为"世界最美的教堂"。

乔瓦尼·贝利尼的《宝座上的圣母及众圣徒》(圣扎加利祭坛画)，476.2 × 236.2 厘米，1505 年。从木板画移到画布上的油画。威尼斯，圣扎加利教堂。

□圣玛利亚教堂圣餐厅、多明各会修道院及米兰大教堂

　　圣玛利亚教堂圣餐厅和多明各会修道院位于意大利的米兰市。教堂始建于1463年，是由米兰建筑师索拉兄弟设计的。教堂后半部的圣坛、大餐厅、圣宝器和方形回廊是由意大利历史上杰出的建筑艺术家布拉曼特设计的。绘有达·芬奇《最后的晚餐》的名画在教堂餐厅的北墙上。图中的人物比真人大一倍，耶稣和十二门徒的表情各异，十分传神。它不是一般的壁画，而是胶画，是绘画史上不朽的名作。米兰位于意大利北部波河盆地中心，占有提契诺河与阿达河之间广阔平原的一半土地。米兰大教堂广场是1489年建在大教堂前的。集中于科尔杜西奥广场的城堡、大教堂和较新的商业区，是近代城市中心的主要建筑，也是米兰人生活动力的象征。

多明各会修道院

　　米兰大教堂是米兰之行的最好出发点，马克·吐温曾经将其比作"大理石的诗歌"。这座哥特式主教堂是欧洲第三大教堂，始建于1386年，1813年竣工。教堂外面有135座尖塔和2245尊不同时期的雕像，用4米高的镀金圣母像来装饰最高的尖塔。大教堂内部十分庄重、宽阔。从入口到祭坛有五个巨大的走廊。在半圆形殿上，有三座波拿文都拉设计的巨大彩绘玻璃窗。

达·芬奇自画像

米兰全景

达·芬奇《最后的晚餐》壁画。第二次世界大战期间，教堂被炸，圣餐厅也受到严重破坏，但这幅画却侥幸保存下来。但由于餐厅内空气的污染和细菌的侵蚀，颜料和色彩都发生了变化。虽经多次修补，但最终未能还原其本来面目。达·芬奇曾两次定居米兰，首尾居住20年。市内有达·芬奇故居，市中心有达·芬奇全身塑像。

莱奥纳多——天才在米兰

1482年，莱奥纳多开始为米兰大公工作。这位30岁的艺术家刚开始从他的故乡佛罗伦萨接受第一批真正的订件，即为圣多纳托·阿·斯科佩托修道院绘制但未完工的木板画《博士来拜》(1481年)，以及为执政宫的圣贝尔纳德小教堂绘制的祭坛画。莱奥纳多在米兰度过了17年，一直到卢多维科于1499年倒台。他以"公爵的画家和工程师"的身份被列入王室记录册。

作为画家，莱奥纳多在米兰的17年中只完成了6件作品：切奇利亚·加莱拉尼的肖像《穿貂皮袍的夫人》和一位音乐家的肖像、祭坛画《岩下圣母》(两幅变化画)、圣玛利亚感恩修道院餐厅中的大型壁画《最后的晚餐》(1495～1497年)以及米兰斯福尔泽斯科城堡阿斯大厅中的装饰天顶画(1498年)。

在米兰期间，莱奥纳多做出了向科学研究发展的决定性转折。他开始有系统地进行研究。他在心里越来越感到有必要以

文字的形式记录和写下自己的每一次认识和经验。1490～1495年间，完成了一篇绘画专论、一篇建筑论、一本论为学诸因素的专著，还有一本概述人体解剖的专著。他对地质学、植物学、水文学和气象学的研究亦属于这一时期。这些研究构成了"知觉宇宙论"的一部分。他甚至想在1510～1511年冬季完成其解剖学研究手稿。

在晚年时期(1513～1519年)，莱奥纳多65岁时，接受年轻的国王佛兰西斯一世的邀请去法国。阿拉贡红衣主教在访问昂布瓦斯时曾在莱奥纳多的画室中见到《蒙娜丽莎》和《圣母子与圣安娜》。他为国王规划设计了罗莫朗坦的宫殿和花园，拟定为皇太后寡居时的住处。1519年5月2日，莱奥纳多于克卢去世，被安葬于圣弗洛朗坦宫廷教堂。

莱奥纳多在绘画方面的全部作品实际上并不算多；现存作品中只有17幅可以确定出自他手，其中有几件尚未完成。

□比萨的大教堂广场

意大利城市比萨位于托斯卡纳最大的河流阿尔诺河岸边，河水蜿蜒而缓慢地流过它的身旁。比萨有着伟大的文化传统和辉煌的过去。

比萨阿尔诺河，清澈的河水顺着弯弯的河道缓缓地流动，两岸的楼宇鳞次栉比，与远山近水组成了一幅美丽图画。这里不远的河沿矮墙上有一块纪念碑，记载着意大利民族英雄加利巴尔第于阿思普洛蒙特战场上受伤(1862年)后，曾从这里登陆养伤的史实。比萨阿尔诺河岸附近还有一座建于15世纪的棕红色砖结构的阿戈斯蒂尼楼，因其砖瓦结构的建筑装饰和两层双联窗而显得格外引人注目，历史可上溯到19世纪末期。在意大利文艺复兴时期，这座咖啡馆曾经是爱国自由人士经常聚会的地方。在这些热情洋溢的人中，有著名的弗朗切斯科·多梅尼科·乖拉其、邱赛佩·朱思蒂、焦苏哀·卡尔杜奇、雷纳拓·夫奇尼。教堂里收藏着许多有意义的艺术作品。河岸上还有一座鸟佩青丝楼，又叫作朗弗雷都琪楼，这是一幢美丽的16世纪末建筑。在卡拉拉广场上，我们可以看到美第奇·费迪南多一世纪念碑。不远处一座建于16世纪下半叶美第奇时代、根据布翁塔冷蒂的设计方案建造的"王宫"，是一座典型的中世纪建筑。它最初由美第奇家族居住，后来为洛林人所占据，再后来便成了意大利国王的行宫。

这里属于地中海微型海洋性气候，温和、湿润。离它不远还有一座米里亚利诺圣罗索天然公园，以及其它许多旅游景点。

最早的比萨居民是凯尔特人的后代利古里亚人。历史上著名的比萨港位于现在的格拉多圣彼得教堂一侧，也就是今天利沃尔诺一侧，罗马海军舰队理想的海军基地，在对利古里亚人和高卢人的远征以及对科西嘉、撒丁尼亚和西班牙沿海地区的军事行动中起了很大的作用。在奥大维和奥古斯都时代(公元前1世纪)它叫做朱里亚·比萨那·奥布赛昆斯殖民地。由于人口的增长和造船业及商业贸易的发展，城市扩大，先后建起了奥雷里亚大街和艾米里亚斯考里大街，后来又构筑了城墙。到了罗马帝国时期，

出现了一些辉煌、重要的公共建筑和民用建筑。可惜的是比萨古罗马时代的遗迹已经所剩无几。当年的旧罗马建筑有市苑、城市守护神以及圆剧场、游泳池，以及许多宗教建筑。后来基督教传入，在这些建筑的地基上建起了众多的教堂。1049年比萨人还出征撒丁岛，1052年出征科西嘉岛，打败了撒拉逊人，取得了蒂斯尼亚海的制海权。1115年对巴莱爱尔远征和1136年对阿玛尔菲战斗的胜利，标志着

比萨的大教堂广场上的三座建筑物——大教堂、洗礼堂和钟楼(比萨斜塔)。

文艺复兴传播到意大利以外地区

1500年后,意大利的文艺复兴运动不可避免地传播到欧洲其他国家,一些意大利作家或艺术家也偶尔到阿尔卑斯山脉以北地区进行短期旅行。这些交流促进了思想的传播。另外,随着1494年法国和西班牙开始的以意大利为战场的战争,思想文化的交流范围更为广泛。这使得越来越多的欧洲人开始了解到意大利人在一两百年间所取得的各种成就(西班牙的军队不仅来自西班牙,而且来自意大利和其它国家)。随后,意大利一些最重要的思想家和艺术家,比如莱奥纳多·达·芬奇,也开始成为北方国王或贵族的随从。这样一来,文艺复兴就变成了一场国际运动,甚至当它在故土开始衰微之际,在北方仍然富有活力。

比萨阿尔诺河河岸景观

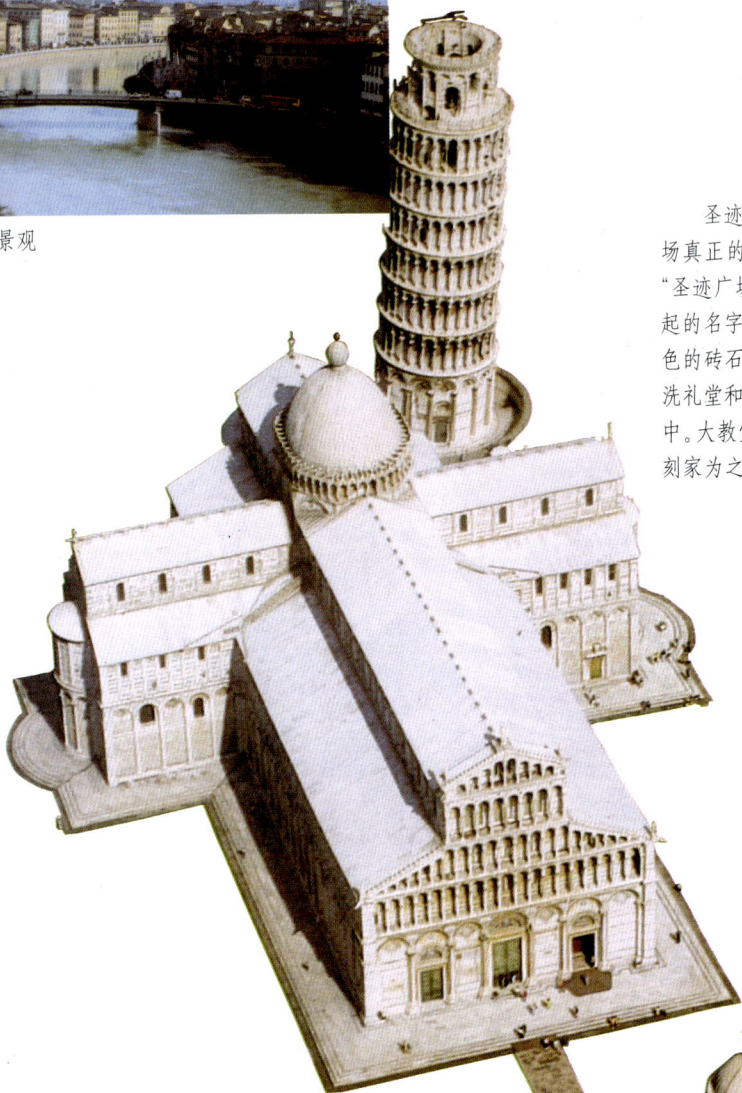

圣迹广场鸟瞰图。这个有名的广场真正的名字叫作"主教堂广场"，"圣迹广场"是加布里哀雷·达农乔给起的名字。比萨的繁荣反映在富有特色的砖石结构住宅塔楼以及大教堂、洗礼堂和钟楼(比萨斜塔)等精美建筑中。大教堂和洗礼堂均有许多著名雕刻家为之装饰。

比萨海上军事强国鼎盛期的到来。1289年3月，吉伯林派在大主教乌巴尔蒂尼的带领下，推翻了乌果里诺的政权。

　　1364年7月28日，佛罗伦萨人在卡西纳取得了胜利，从陆上打击了比萨。当皮埃罗·冈巴克尔蒂取得城市首领的地位后，比萨曾经经历了一段和平时期，城市一度繁荣。1392年10月21日，维斯孔蒂雇佣刺客谋杀了冈巴克尔蒂，比萨落入米兰人手里。1406年，比萨不可逆转地结束了海上共和国的辉煌。法国国王夏尔乐八世的到来，遭到比萨人顽强抵抗。1509年11月20日，比萨接受了佛罗伦萨

人的统治。科西摩大公一世的政府给比萨城带来了新的气象，大学教育重新走向正轨，扩大了一些公共服务设施，特别是圣斯戴法诺骑士团的创立(1561年)，使得这个海上城市的传统得到加强，并呈现出新面貌。1860年举行了加入意大利王国的签字仪式。

罗马比萨风格。古罗马时代，比萨流行的艺术和建筑很有特色。从11世纪到13世纪整修城市艺术、建筑风格传播，给这个小共和国带来了艺术的辉煌。到了13世纪，比萨的艺术风格事实上已经成了意大利主要艺术流派之一。如：埃尔巴岛(特拉内圣斯戴法诺教堂、圣乔瓦尼教堂、圣劳伦佐教堂)、科西嘉岛(内比奥教堂、圣母升天教堂)、撒丁岛(撒卡尔嘉巴迪亚教堂、托雷斯圣彼得教堂、多里亚诺娃圣邦达雷欧教堂、特拉他里亚斯圣玛利亚教堂)。在布里亚，也能看到比萨风格的影响(特拉尼主教堂、特洛亚大教堂、圣巴西里奥教堂)，还有托斯卡纳其他带有罗马比萨风格明显影响的宗教性建筑路卡城((圣玛尔蒂诺教堂、市苑圣米凯累和圣弗雷迪亚诺教堂)、皮斯托亚城(主教堂，圣乔瓦尼·浮尔其维塔斯教堂)、普拉托城(主教堂)和阿雷佐城(皮也威圣玛利亚教堂)。

□**比萨主教堂**　比萨主教堂建于公元11～12世纪。外观呈圆形，建有4层凉廊、5个殿。教堂保存着精美的油画、石雕和木雕等艺术品。

□**比萨斜塔**　比萨斜塔为大教堂的一座钟楼，始建于1174年，1350年完工。为8层圆形建筑，高54.5米，直径约16米。全部用大理石砌成，重达1.42万吨。倾斜的比萨斜塔历经近七个世纪仍屹立不倒，堪称建筑史上的奇迹，并因伽利略在塔上做了自由落体实验而闻名遐迩。

主教堂。比萨主教堂又称作升天圣母玛利亚大教堂，为庄严宏伟的圣迹广场的建筑群之首要建筑。这座广场上的宗教建筑以其大理石的白色与周围草坪如茵的绿色以及天空的蔚蓝色形成了一幅奇异壮丽的图景，给游人留下一种现实与梦幻交融的奇妙印象。

主教堂外装饰雕塑及罗马柱头

主教堂的中殿及神坛俯瞰

《最后的审判》局部

大主教堂正外立面装
饰雕刻的两个局部(右)

伽利略在比萨完成了他最有名的实验：在大学教授们的围观下，让一个大石球和一个小石球从斜塔上落下，证明大石球坠落的速度并不比小石球快。

就伽利略而言，月亮是多山的，有证据可以证明。伽利略为《星际使者》画下望远镜所指示的月亮时，他感到由衷的激动。三百多年后，当美国"阿波罗号"的太空人拍下这张照片时，他们激动的程度与伽利略一样吗？

伽利略画像

大教堂广场前的雕塑

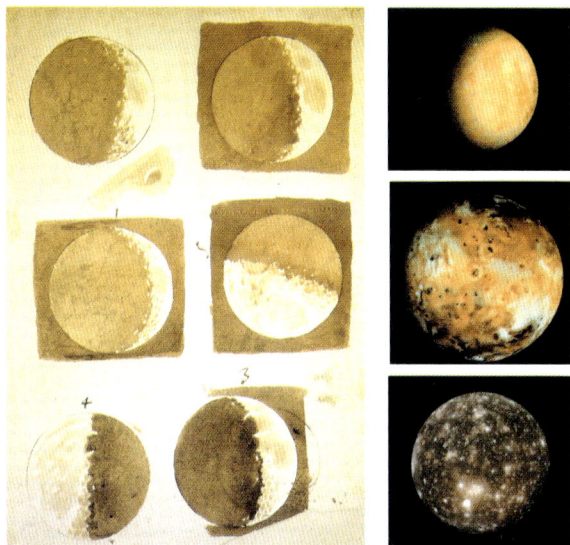

伽利略亲手制造和改造的望远镜，正是通过它，伽利略发现木星有4个卫星。

伽利略被判终身监禁

1632年，意大利天文学家、物理学家伽利略出版了《关于托勒密和哥白尼两大宇宙体系的对话》。该书依据天文观察所得，结合力学原理，抨击了托勒密的"地心说"，论证了哥白尼"日心说"的正确性。次年，罗马宗教裁判所传讯伽利略，以攻击亚里士多德和宣扬"异端思想"罪，判处他终身监禁。

主教堂的唱诗台、主祭坛和装
饰得富丽堂皇的后殿。

比萨查尔特勒修会教堂外立面

雅、美丽，一派明朗的田园风光，橄榄树一直延伸到谷地的尽头和周围的山梁上。塞拉峰(海拔917米，比萨诸峰的最高点)顶上的现代电视转播塔居高临下，俯视着这片宁静的土地。在著名的威卢卡崖地一片中世纪(12世纪)的遗迹附近，矗立着一片令人注目的建筑群，那就是比萨查尔特勒修会。在周围大自然色彩的衬托下，一座引人注目的白色修道院优雅地展现在人们面前。

主教堂富丽堂皇的内景及焦瓦尼·比萨诺作的祭坛

壁画：《死神的胜利》局部 在福与祸戏剧性的斗争中，在天使和魔鬼争夺死者灵魂的激烈冲突中，人们可以找到阅读《死神的胜利》这幅震撼人心壁画的钥匙。这幅壁画以其强烈的表现力和叙述绘画语言的现实效果，一直被人们视为是这一系列绘画中的杰出之作。

□比萨查尔特勒修会 在比萨卡尔齐修会不远，在比萨峰天然竞技场的尽头，有一个美丽的山谷，上千年来，在这里种植橄榄的居民使这片乡野变得优

国立圣马代博物馆内壁画《圣母圣婴及圣马丁与穷人的故事》

□**荆刺圣玛利亚教堂** 它是一颗晚期哥特式建筑的明珠。大理石镶嵌几何造型和立体雕塑、如林的塔尖、玲珑的拱券、剔透的小龛，这座袖珍教堂成为这一带河岸上一枝独秀的建筑精品。它因14世纪时保存过基督荆冠上的一根刺而得名。它1230年由焦瓦尼·比萨诺设计制造，由瓜朗迪于14世纪主持扩建过。它的外立面具有几何节奏的、装潢富丽，以拱形和六角形为主的结构，设置奇巧的三叠式山墙上，装饰着两个模样各异的蔷薇饰窗。有焦瓦尼·迪·巴尔杜乔和尼诺·比萨诺作的雕像。尖塔顶上，是昂德雷阿·比萨诺的雕像。小教堂内部，殿堂与唱诗堂以三个拱结构分隔。这里较重要的艺术作品有：曾经珍藏过"圣刺"(基督荆冠上的一根刺)的圣

圣玛丽利亚堂的哥特式建筑

位于阿尔诺河重要地段上的荆刺圣玛利亚教堂建筑的总体面貌。这是由精美的装饰雕刻和玲珑剔透的亭、龛、尖塔、柱拱、蔷薇窗以及雕像等装饰成分所构成的比萨晚期哥特式的建筑式样。

右图为格拉多圣皮埃罗教堂三元式后殿。从比萨城顺着阿尔诺河畔与河流并行的阿农乔林阴大道走到河流的入海口，人们就可以看到这座独立于乡村绿色原野上的格拉多圣皮埃罗教堂。根据传统的说法，圣徒彼得在从土耳其到罗马的云游途中，曾在这里登陆。格拉多圣皮埃罗教堂外景壮丽肃穆，走进教堂可以看到墙上的壁画以及老基督教的遗迹。

物龛，雕塑《带玫瑰花的圣母子》、《圣婴与圣彼得和圣约翰》。在这座小教堂的附近，有一座索尔费里诺桥，是1974年重建的。

阿尔诺河特拉蒙塔纳最西段河岸的带怪尔夫塔的要塞建筑群

圣马代博物馆的波提切利绘画

层和中层是两个华丽的大理石结构的哥特风格拱柱式凉廊，下层带有三个拱结构，这是典型的比萨艺术特征。教堂大门门楣上装饰着现代的装饰画《圣母圣婴图》。教堂的后身一侧耳堂上建着一个双联窗和三联窗的砖结构钟楼。教堂的内部只有一个大殿，存有著名绘画。

□**圣卡特丽娜教堂** 处在绿色的自由烈士广场北侧的圣卡丽娜广场上。自由烈士广场是比萨城最美丽的广场之一，广场上耸立着一尊托斯卡纳大公皮埃特罗·列奥波尔多一世的大理石雕像。这座被命名为埃及亚历山大·圣卡特丽娜的教堂是13世纪中叶建成的。教堂的正外立面分上、中、下三层，上

圣卡特丽娜教堂：唱诗堂及后殿。

□锡耶纳历史中心

锡耶纳，意大利中部托斯卡纳区锡耶纳省省会城市。最早为埃特鲁斯坎人的居留地，其后成为罗马城市塞纳朱利亚。居留地消失后，旧址附近出现新城锡耶纳。伦巴第王一国统治时期出现繁荣。12世纪成为自治镇，时因经济和领土问题与邻镇佛罗伦萨争斗，后者属反帝的归尔甫派，锡耶纳则成为托斯卡纳地区亲皇帝的吉伯林派的中心。

13世纪成为银行业中心，但仍无法与佛罗伦萨匹敌。1260年锡耶纳人击败佛罗伦萨人，政治势力空前强盛，并有能力大兴土木建筑教堂、宫殿、城楼和喷泉来美化城市。锡耶纳于1555年投降西班牙人，两年后，西班牙国王腓力二世将锡耶纳割让给佛罗伦萨，1861年连同托斯卡纳其他地区并入新建立的意大利王国。锡耶纳在13和14世纪出了几位意大利最杰出的画家，在锡耶纳美术馆里藏有杜乔·第·博尼塞纳、S.马尔蒂尼和A.洛伦采

锡耶纳收藏的14世纪壁画《好政府造福城市》

坎波广场上高达102米的塔楼与右边的市政厅

锡耶纳市中心的公共宫和塔楼(14 世纪)

蒂以及萨塞塔等画家的名画，在公共宫和多莫作品博物馆内亦有他们的作品。锡耶纳有幸逃脱第二次世界大战的劫难，现代的锡耶纳是富有魅力的省会和教区的城市。锡耶纳大学建于 1240 年。1248 年，该大学的办校许可证得到神圣罗马帝国皇帝腓特烈二世的确认；1252 年，又得到教皇英诺森四世的认可。1859 年，该校成为国立大学。现设有法学、医学和外科学、数学、物理、自然科学、药学、经济学、教育、文学和哲学等学院。

□**锡耶纳历史中心** 锡耶纳距佛罗伦萨南约 48 千米。历史上一直是主要的商业和银行业城市。该城市以艺术财富、中世纪名胜古迹和优美景色而著称，是欧洲中世纪城市风貌的缩影。其特点是以中心广场为中心向外辐射，将建筑和自然景观有机和谐地结合在一起。城内斜街曲巷，红砖老屋，保持着 12～15 世纪时的建筑风貌。

□**坎波广场** 位于锡耶纳城市中心，建在 3 座丘陵的汇合点上，呈半圆形，用红砖铺就。白线隔开的 9 个扇形区域，表示历史上 9 人组成的城邦政府。广场中央是该亚喷泉，还有很多著名建筑。市政厅，1348 年建成，矗立着高达 102 米的塔楼，登临其上可俯瞰整个市容。还有利科宫殿、哥特式民众宫、平民宫、广场礼拜堂等。礼拜堂用镂空工艺的铁栅栏围着，收藏有以西莫内·玛尔蒂尼为首的锡耶纳画派的作品。

锡耶纳市政厅的壁画

□拉韦纳的早期基督教建筑

拉韦纳为历史重镇，5世纪时是西罗马帝国都城，后(6~8世纪)为东哥特王国和拜占廷意大利都城。由于该地是意大利东北沿岸少数良港之一，所以成为重地。古罗马皇帝奥古斯都在距该城约5000米处修建克拉西斯港，至公元前1世纪成为亚得里亚海罗马舰队的基地。拉韦纳的古罗马建筑和克拉西斯的港口都没有留下任何遗迹，却以其5~8世纪基督教古迹的质量和数量而闻名。其艺术和建筑反映出罗马建筑形式与拜占廷镶嵌画及其他装饰的融合。主要建筑有加拉·派斯第亚陵墓、尤尼亚洗礼堂、圣阿泼利纳努沃大厅、阿里乌洗礼堂、大主教教堂、狄奥多里克陵、圣维托教堂和圣阿泼利纳长方形大厅等。

□**加拉·派斯第亚陵墓**　拉韦纳现存的最早遗迹之一，由霍诺留皇帝的妹妹建于5世纪。其建筑技术是西方的，但其拉丁式十字交叉布局、筒形穹窿和中央圆顶都是典型的东方形式。陵墓内整个上部表面均以蓝色为底并覆有镶嵌画。

□**圣阿泼利纳新教堂**　为狄奥多里克所建。原为圣亚利安大教堂，570年改成天主教教堂。该教堂有富丽堂皇的镶嵌画，描绘基督布道、奇迹、受难和复活的情景，是现存这类图画中最古老的，具有很重要的学术价值。该教堂还有做工精细的描绘男女圣徒举行仪式的镶嵌画。

特奥德利希的陵墓，在其生前就已经建成。它辉煌的建筑艺术让这位统治者流芳百世。

拉韦纳早期拜占廷建筑内部

圣维托教堂内部

狄奥多拉皇后及其扈从。约547年。后殿南墙镶嵌画。264
×365厘米。拉韦纳，圣维塔尔教堂。

意大利城市拉韦纳圣阿泼利纳新教堂圣洗堂穹顶
上的镶嵌画，描绘耶稣受洗及十二使徒(5世纪末期)。

圣维托教堂

　　于查士丁尼皇帝统治时期建成。是拉韦纳拜占廷艺术的杰
作。该教堂在东哥特王后阿玛拉珊萨(535年卒)时期由埃克尔西
乌斯主教兴建，于547年举行奉献仪式。这座八角形建筑用大
理石建造，上为一红褐色圆顶，是西欧拜占廷建筑和装饰的最
佳典范之一。教堂内祭坛上著名的镶嵌画受君士坦丁堡同类作
品的很大影响，描绘的是《旧约》和《新约》中的人物以及当
时拜占廷的统治者和天主教的传教士。

拉韦纳的早期基督教建筑

□庞培、埃尔科拉诺、托雷安农济亚塔考古地区

庞培、埃尔科拉诺、托雷安农济亚塔古城遗址位于意大利东南部维苏威火山脚下。

公元前8世纪，当希腊人在伊斯齐亚和库马殖民、埃特鲁里亚人在坎帕尼亚(卡普阿)殖民时，庞培城开始从市苑区向四周发展。由于它地处萨尔诺河入海口，位于数条贸易通道的交接点上，因此成为往来于内地的一个中间站。直到公元前5世纪中叶以前，庞培都是处在埃特鲁里亚人的统治之下。

自从公元前474年埃特鲁里亚人在库马和西拉库萨被希腊人打败以后，整个坎帕尼亚肥沃的土地就被公元前5世纪从四周丘陵地区下来的萨姆尼翁人占领。公元前4世纪时，庞培城向外扩展，建成直交式城市布局。经过公元前343年到公元前290年的战争，罗马人征服了萨姆尼翁人，统治了整个坎帕尼亚地区。公元前218年至公元前201年，爆发了罗马对伽太基的阿尼巴尔战争。战争结束后，这些城

庞培古城重见天日

748年，庞培古城被发掘。这座意大利那不勒斯市附近的古城，位于维苏威火山脚下，为罗马时期繁荣的旅游胜地和港口。公元79年因维苏威火山爆发而被火山灰埋到地下4～6米深。图为这座被火山灰埋没的古城。

庞培古城风光油画

市都遭到罗马人的残酷蹂躏。公元前2世纪，庞培城凭着产量充足的葡萄酒和橄榄油的出口贸易，进入一个繁盛时期，庞培城的公共建筑明显增加。公元前89年，独裁者锡拉攻占庞培城。此后至公元前80年，锡拉的侄子普布留斯·考耐留斯·锡拉把庞培

庞培古城往昔豪华的私人住宅，名为"牧神之家"，占有一整个街区。

公元79年，维苏威火山的爆发毁灭了庞培城。

火山灰掩埋的庞培人，坐在地上双手捂住口鼻，以减少吸入炙热呛人的火山灰尘。

变成了他自己的殖民地。这时，庞培的经济一直持续兴旺，建起了诸如小剧场、圆剧场这样一些大型公共建筑。

公元前59年，圆剧场发生了庞培人与努切里亚人之间大规模的流血殴斗。公元62年，一场大地震毁坏了城里许多建筑。公元79年8月

阿波罗神庙的青铜雕像(上、下图)

公元前80年，苏拉建立殖民地时，赋予庞培若干自治的权力

庞培最高的权力属于两位执政官，他们负责统计和审查选民名册，主持市政会议。在他们之下，还有两位市政员，负责各类公共事务：维修道路、管理市场、维护治安等。共有一百位议员，都是从前的市政员。

最古老的斯塔比公共浴场，可追溯到萨谟奈人时代。广场浴场则建立在罗马殖民开始的时代。至于中央浴场，在火山爆发时仍在建造。在奥斯克老城边缘的交通要道上，小酒店、客栈和店铺林立。有田野风味的花园，那儿还有一片葡萄园，出售葡萄酒。庞培是一个繁荣活跃的城市，但仍保有一种乡村风味，喜好美酒佳肴的人都爱庞培。庞培名人的宽敞府邸内，必定有一座花园，园内有小灌木丛、水池和小神殿，搭配得非常协调。

庞培古城的阿波罗神庙，是全城最古老的神庙，有阿波罗等神灵的雕像。

24日，维苏威火山爆发，炽灼的岩浆一下子吞没了全城。

□**庞培** 位于那不勒斯市维苏威山麓下，建于公元前8世纪，后成为古罗马帝国的重要行政中心。这座古城自公元79年被火山灰砾湮没后，一直到1713年一个农民掘井时，在6米深处挖到庞培古城址。古城挖掘始于1748年，至1960年接近完成。古城建筑在面积约63公顷的五边形台地上，

周围是4.8千米的石砌城墙，有7座城门和14座城塔。城内有用巨石铺成的四条大街，交叉成"井"字形，将全城分为九个区。由于火山灰砾的覆盖，城市受到重压坍塌，但一切完整，连炉里烤好的面包、橱内的熟鸡蛋、瓦缸内的蚕豆、小麦都历历可辨。为人们了解古代社会生活提供了极其珍贵的、完整的文物资料，是一座罕见的天然博物馆。

庞培古城中的私人宅邸"维蒂之家"，花园里抱鹅的儿童青铜雕像。

大水泉宅

上图为庞培古城的"米南德之家"，以希腊诗人米南德的名字命名，是一处豪华的宅邸。下图为庞培古城的石砌道路。

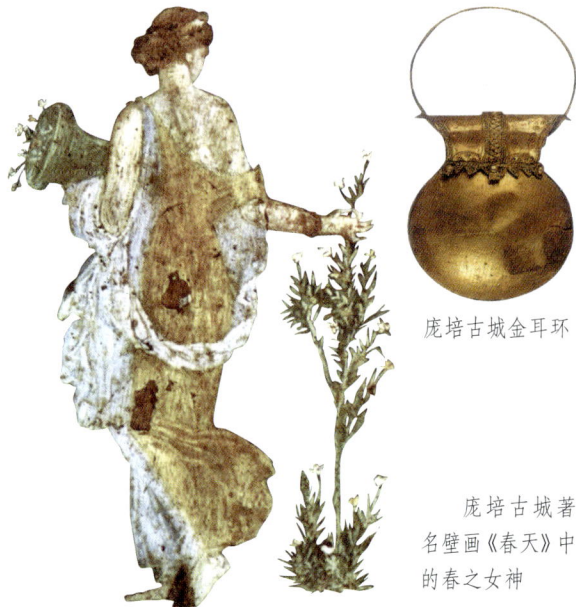

庞培古城金耳环

庞培古城著名壁画《春天》中的春之女神

庞培古城的"神秘之家"中的壁画，其中描绘有宙斯的情人塞墨勒。

□**埃尔科拉诺** 古称"赫库兰尼姆"，与庞培城齐名，在公元79年8月24日维苏威火山爆发中，与庞培、斯塔比奥三座城市一起被毁。

□**托雷安农济亚塔** 坐落在那不勒斯湾，以绚丽的壁画而闻名，反映了罗马帝国时期富裕地区居民的生活方式。它建于1319年，1631年维苏威火山爆发时被毁。现为那不勒斯市海滨游览地和矿泉疗养地。

玛尔斯和维纳斯(庞培壁画，那不勒斯藏)

著名镶嵌画《亚历山大与大流士之战》(现藏国立那不勒斯博物馆)局部

农牧神宅中第一个庭院和北侧的半圆拱亭(意大利庞培)

庞培古城中带有顶棚的小剧院，建于公元前80年，是有顶剧院的代表性建筑。

奥古斯塔里街，卢克雷秋斯宅中壁画《战神马尔斯与维纳斯的喜事》

庞培的豪宅"爱情之家"内带柱廊的院子(1世纪)

□梵蒂冈城

梵蒂冈城位于梵蒂冈。梵蒂冈是世界上最小的国家，人口只有1000人、面积0.44平方千米，位于意大利罗马城内的西北角。建于公元756年，是天主教的中心。梵蒂冈城作为梵蒂冈的都城，以其精美的古建筑著称于世。

□**建筑特色** 梵蒂冈城的建筑以圣彼得大教堂最为著名，它是整个梵蒂冈城的中心，是艺术家米开朗基罗的杰作。它也是世界上最大的教堂，总面积2.2万平方米，由5个建筑群组成。圆穹隆顶直径为42米。教堂外观雄伟，内部装饰精致华美，是建筑中的精品。此外，梵蒂冈城还有拉特兰宫、拉特兰教堂、圣玛利亚·玛焦兰教堂、圣·保罗·福利·

莱·穆拉教堂等，以及罗马市内的几座宫殿。这些建筑已成为梵蒂冈的国宝。

□**圣彼得广场** 罗马教廷的广场，在梵蒂冈的最东面，以广场正面的圣彼得教堂得名。可容纳50万人，是罗马教廷举行大型宗教活动的地方。广场呈椭圆形，地面用黑色小方石块铺砌而成，两侧由两组半圆形大理石柱廊环抱，雄伟壮观。这两组柱廊共由284根圆柱和88根方柱组合而成，为广场的装饰性建筑。由著名建筑师和雕刻家贝尔尼尼于

罗马西斯廷大厅建于1587年到1589年，梵蒂冈图书馆的一部分。它横穿贝尔韦代雷庭院，将庭院一分为二。

基督教徒的圣书——《圣经》，由犹太教的圣典《旧约全书》和由教徒整理的《新约全书》组成。基督教徒认为这是神的话语。

梵蒂冈圣彼得广场

梵蒂冈市貌

1656 年设计，用了 11 年时间建成。广场中央矗立着一座高插云霄的方尖石碑，原为罗马皇帝卡利古拉为装饰皇宫旁边的圆形广场从埃及远道运来。1586 年，教皇西斯廷五世下令将石碑移至圣彼得广场。据说为此曾动员 900 多名工人、150 匹骏马和 47 台起重装置，花了近 5 个月时间才完成。

意大利罗马圣彼得大教堂的中殿和内殿(16～17 世纪)

朱利叶斯二世教皇接见三位
圣彼得大教堂的首席建筑师

梵蒂冈历史

2 世纪，罗马城主教因驻帝国首都，政治、经济势力最大，便希图凌驾于其他教主之上，后其影响日盛，渐渐独占"教皇"之称。4 世纪，教皇看到西罗马帝国的衰落，便开始扩充势力，掠夺土地。6 世纪，获得罗马城的实际统治权。756 年，教皇获得法兰克国王丕平所赠罗马城及周围区域，拥有世俗权，是为教皇国之始；此后疆域屡有变迁，国家数次兴亡。1417 年，长达 39 年的天主教大分裂结束，教皇从法国的阿维尼翁返回梵蒂冈后，梵蒂冈就一直成为教皇的经常住所。1870 年，意大利统一，教皇国并入意，教皇退居梵蒂冈宫中，世俗权力结束。1929 年，意承认梵蒂冈为属于教皇的主权国家，教皇正式承认教皇国的灭亡，另建梵蒂冈城国。

1965 年，教皇保罗六世设立主教会议，作为红衣主教团的补充。1978 年，红衣主教卡罗尔·沃伊蒂瓦任教皇，称约翰·保罗二世。

圣彼得大教堂及梵
蒂冈瑞士籍卫兵

波尔塔于 1588 年
至 1590 年加上的
天窗和拱顶

德阿尔巴诺设
计的镶嵌画

半圆室

米开朗基罗设
计的穹顶

由维尼奥拉(1507～
1575 年)设计的穹顶,
位于克莱蒙蒂娜教堂。

中心凉廊

大门

马尔代诺设
计的正面

圣门

圣母怜子堂

瓦拉蒂尔设
计的两钟之一

中殿

圣彼德堡

主圣坛

镀金铜
质华盖

南耳堂

贝尔尼尼设
计的圣体盘

通往梵蒂冈
洞室的入口

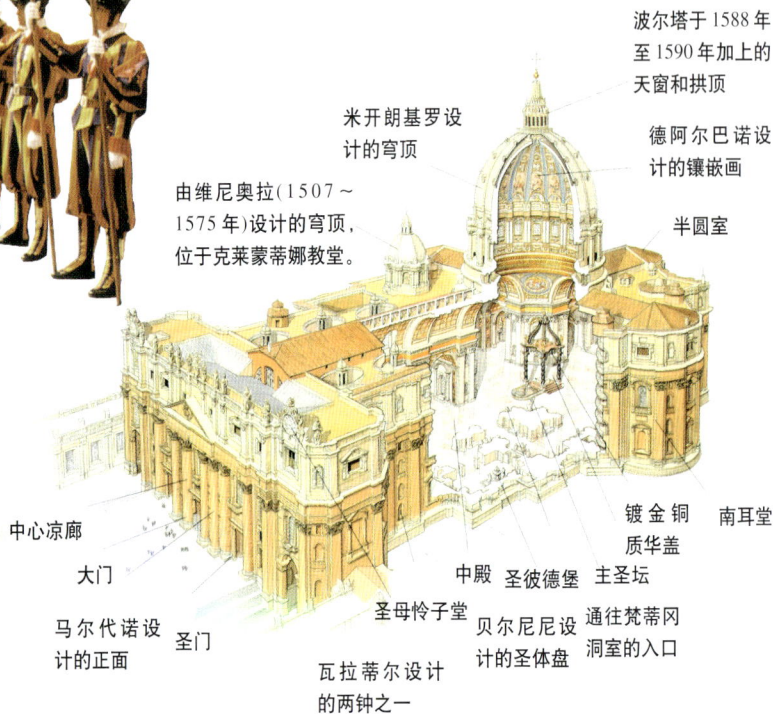
杜宾利基欧所画的亚历山大六世,
一位文艺复兴时期的教皇。

□**圣彼得大教堂** 梵蒂冈的教廷教堂。位于梵蒂冈城内,是世界上最宏大最壮丽的天主教堂,能容纳5万人。1450年开始兴建,1626年最后完成。教堂长约200米,最宽处130多米,上有穹隆大圆屋顶,从地面到大圆屋顶顶尖十字架的高度达137米。圆屋顶的内壁顶上,有色泽鲜艳的镶嵌画和玻璃窗,最上端则是繁星点点,观赏的游人仿佛独立在天穹之下。它是意大利文艺复兴时期的建筑家与艺术家米开朗基罗、拉斐尔、勃拉芒特和小桑加洛等大师们的共同杰作。还有许多文艺复兴时期艺术家的壁画和雕刻,包括圣彼得的青铜像。大厅中央有一座金色华盖,它是贝尔尼尼用9年时间建造起来的巴洛克式装饰性建筑。

圣彼得大教堂穹顶

爱留斯大桥，桥两侧雕像排列，三座桥拱原属于哈德良建的桥。它的尽头赫然耸立着罗马庄严、巨大的石制鼓形圣使古堡，它是哈德良修建的壮丽的陵墓。古时候，圆鼓形建筑的上部分以大理石贴面，据说是一座屋顶花园。今天，古堡内开辟了一座军事博物馆。

梵蒂冈举行的天主教第二次宗教评议会(1962～1965年)，地点在罗马市的圣皮埃尔教堂。

西斯廷礼拜堂是教皇去世后红衣主教们选举下任教皇的地方

拉斐尔：雅典学派。1510～1511年。湿壁画。底部770厘米。罗马，梵蒂冈。

(1)矿都勒罗斯

位于挪威中部的赛尔·特伦得拉堡郡。海拔600米，离北极圈很近，冬天漫长而寒冷。它于1644年开始开凿，采掘了近300年，到1977年才关闭。共采掘铜矿石10万多吨，黄铁矿石52.5吨。矿上现存有矿工们住的低矮阴暗的木屋，厂长和官吏们住的宽大舒适的公馆。还有一座唯一的砖石建筑——勒罗斯教堂。(图为勒罗斯矿工居住的房屋)

□乌尔内斯木造教堂

□卑尔根的布吕根地区

(2)阿尔塔的岩石画

位于挪威北部的马克郡。分布在5000米长的临海斜坡上，共有45处。这些画形成于公元前4200年～前500年之间，是用石头或兽角制作的工具雕刻出的并涂有染料。岩石画的内容十分丰富，有象征海上航行的船，象征渔业丰收的鱼，象征用咒符消灭敌人的人，以及表现狩猎的场面。阿尔塔的岩石画为了解史前时期北极边缘地区的自然环境和人类活动的情况提供了宝贵的资料。(图为阿尔塔的岩石画)

海拔

2000米
1000米
500米
200米
海平面

北

0   100千米

0   100英里

北欧祖先麦姆门风格的石刻

从北方造船业获得的灵感，北欧文明是建立在木材料基础上的。

□乌尔内斯的木造教堂

　　乌尔内斯的木造教堂位于挪威中部的松·奥·菲约拉内郡，建于公元12世纪初，是挪威最古老最著名的一座教堂。为四方形的三层建筑，全部用木板建成，基本结构是挪威早期王宫大厅和细长平面的巴西利卡教堂传统形式，每层都有陡峭的披檐，上有尖顶，外形像东方式古庙。和一般的圆木建筑教堂不同的是它用垂直的柱子和木板支撑，将每根柱子和外壁的厚板分别垂直嵌入底梁和上梁，不使用一根钉子或螺丝。教堂内部保存着公元12世纪的精美雕画，是价值极高的古代艺术品。还有一个木质耶稣受难群像和两个利莫格斯的彩饰铜蜡台。圣台与布道坛、边座、唱诗班的彩屏、靠背长凳等都是1700年前的物品。

　　从北方造船业获得的灵感，北欧文明是建立在木材料基础上的。作为北欧文明的遗产，其保存下

乌尔内斯的木造教堂

　　作为一座为数不多、有其特殊风格的木构教堂，乌尔内斯的条木教堂经历了几个世纪的文化更替，它是在凯尔特、诺曼人和罗马式所谓"三位一体"的艺术理解中建成。

中世纪挪威的一种木构基督教教堂。最早建于 11 世纪初。以石料作基础，在其上平放 4 根木梁，再在四角立 4 根木柱，顶上再架 4 根横梁，形成教堂的箱形构架。图为乌尔内斯的木造教堂中的祭坛和中殿。

中世纪维京人的信仰

在亚瑟王的传说故事中，维京人被描述得野蛮凶暴，缺乏对上帝的挚爱。1100 年，第一批主教辖区产生。1130 年，延续到 1227 年的内战开始。不过这段时期同时是所谓中世纪高峰的起始。这是一段人口增长、教会内部巩固以及城镇开发的时期。君王政治同时控制了教会与贵族。农民由自耕农转变为佃农。1299～1319 年，奥斯陆在海昆五世 (Hakon V) 的领地内成为首都。

的木构建筑，在斯堪的纳维亚艺术史上占有重要地位。北方占优势的造船业给人以灵感，人们创造性地发明了一种框架结构的建筑物，在大门和外层的承重木嵌板上饰以大量精致的木雕。这些完美艺术品，是与凯尔特－日耳曼人那种清晰严谨的装饰艺术传统紧密相联的。作为一种新的宗教的木构教堂，体现了日耳曼人对形式的感悟。

诺曼人在中世纪早期所进行的流血战争，逐渐迫使这些掠夺成性的、野蛮的北方人，开始面对罗马时代以后的、基督教西方国家的现实并迅速融入

维京人

　　维京人，又称古斯堪的纳维亚人或北方人。指9～11世纪进行侵袭和在欧洲广大地区开拓殖民地的斯堪的纳维亚航海武士，他们的破坏作用深深影响了欧洲历史。北欧海盗由拥有土地的酋长、氏族首领及其扈从、自由民以及精力充沛渴望海外冒险和掠夺财物的年轻人组成，他们在自己的家乡是独立的农民，而在异域海上则是海盗和劫贼。构成海盗的种族不太清楚，但向波罗的海岛屿和俄罗斯扩张的是瑞典人，而向奥克尼、法罗群岛及冰岛拓居的则是挪威人。维京人的造船技术对挪威人的后几个世纪航海业的发展有重大影响。

14世纪挪威国王征战沙场的情景

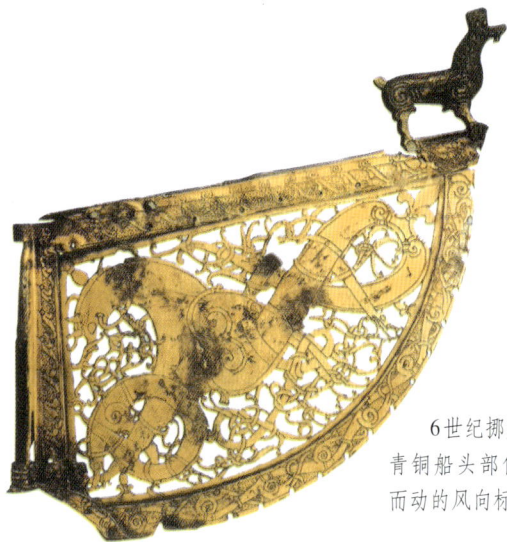

6世纪挪威镀金青铜船头部位迎风而动的风向标。

这是公元9世纪掩埋的挪威奥塞贝船冢中的海盗船船头，上面刻有精美复杂的图案，是一条盘绕着蛇的形象。

1880年发现的维京克斯塔船(奥斯陆维京船舶博物馆)。

穹顶上的浮雕描绘耶稣诞生的情景

挪威海格的木构教堂内祭坛后部的装饰屏,建于18世纪,描绘耶稣受难的场景。

挪威托尔博的圣玛格丽特木构教堂内祭坛上方的穹顶,上面的彩画绘于13世纪。

挪威洛姆的木构教堂中主教座的雕花装饰

欧洲大陆复杂的文化权力结构中。罗马－日耳曼的文明思想和基督教的使命感从新鲜的、毫无损耗的北方文化中获益。在中世纪早期,基督教原本是一种一体化的力量,此时也挺进到挪威偏僻的狭湾,同时有目的地强占了异教的神庙。在11世纪初期,出现了数百座独特的教堂建筑。乌尔内斯风格简朴,在屋内刻有木雕的立方体柱顶和饰有条纹的圆拱廊。这些木条教堂并未因年代久远而消失。

□卑尔根的布吕根地区

卑尔根的布吕根地区位于挪威西南部的霍达兰郡。布吕根在挪威语中是"堤岸"的意思，始建于1070年，临近博肯峡湾，是挪威第二大城市，也是挪威最大的港口城市。公元12～13世纪，它曾经是挪威的首都。公元14世纪成为著名的商业城市。在历史上布吕根曾几次遭受火焚，后经一家公共基金组织发起拯救运动，把小镇的古建筑购买下来并逐一进行修缮，小镇风貌才逐渐复苏。

□**建筑特色** 布吕根城内有圆石铺成的小巷，有中世纪的古老木屋和码头区、露天鱼市，富有海滨古城旖旎而古朴的魅力。在码头沿岸，有一排排木造房屋，这些房屋多为三层，有狭长的窗户、陡峭的人字形屋顶。布吕根城最有名的建筑是胡斯城堡，城堡内有建于1261年的哈康大会堂、建于12世纪的圣玛利亚教堂和凡托夫木板教堂，以及第一座西多会修道院。这些建筑都是中世纪的纪念物。

在码头沿岸，一排排卑尔根典型的房屋建筑。这些房屋多为四层，色彩多样，有狭长的窗户、陡峭的人字形屋顶。

斯堪的纳维亚山脉最南端的分水岭被称为"长岭"，是平均海拔在1000米以上的高原地区。长岭以北，山脉逐渐抬高，并在松恩峡湾里端达到顶峰，这里海拔超过2000米的山峰有150多座。长岭将南部分割成地形、地势不一的东、南、西三大块，东部平缓、绵长，有格洛马河和米约萨湖。这一地区是全国最重要的地区，土壤肥沃，交通发达，为经济中心。图为布吕根地区海湾沿岸景色。

挪威民族乐派奠基者格里格

挪威剧作家亨瑞克·易卜生

《挪威农民舞曲》的音乐故乡卑尔根

格里格(1834~1907年，卑尔根)，作曲家，挪威民族乐派奠基者。父亲曾任驻卑尔根的英国领事。6岁开始随母学习钢琴。1858年经小提琴大师布尔推荐，入莱比锡音乐学院，受到门德尔松和舒曼传统的影响。1864年因结识年轻的挪威民族乐派和作曲家诺德罗克，音乐才能得以发展。1867~1901年共作有10部钢琴抒情曲集。最受欢迎的作品有为戏剧《彼尔·英特》写的配乐(作品第23号)和《霍尔堡组曲》，尤其是《挪威农民舞曲》、《山神姑娘于图莎》套曲。

卑尔根现代讽刺剧作家的故乡

亨瑞克·易卜生，19世纪晚期挪威最重要的剧作家。1857~1862年，易卜生先在卑尔根后来又在克里斯蒂安尼亚的挪威剧院任编剧。易卜生为挪威剧院创作的最后一批剧本中，有两部表现出具有新精神的迹象，其中有浪漫主义幻觉讽刺剧《爱的喜剧》。1869年他写出一部现代讽刺剧《青年同盟》，1882年创作《人民公敌》。易卜生使他的观众以痛苦的真诚来考察他们人生的道德基础。易卜生使欧洲戏剧舞台中厌倦的人们从一种玩物和一种消遣的状态中摆脱出来。

布吕根室内音乐会

□**卑尔根** 挪威第二大城市，西部经济、商业、文化、航运和渔业中心。位于挪威西南岸的瓦根和普迪峡湾之间，濒临大西洋，七座高山散落在城市周围，故被称为"七山之都"。城市靠山面海，著名建筑有12世纪的圣玛利亚教堂、包括哈康宫在内的卑尔根胡斯城堡及罗森布兰茨塔。城区有圆石铺成的小巷，有中世纪古老木屋及露天的鱼市场等，富有海滨古城旖旎而古朴的魅力。

经济多样，是造船业中心之一，其他还有渔业、船舶维修和设备、机械、纺织、化学、冶金、金属制品和食品加工业等。

它也是西部地区的文教中心。有综合性大学和各专科院校、各类科学研究机构，有自然史、海洋和美术博物馆及图书馆等，还有规模颇大的水族博物馆，馆中齐备深海鱼类及北极海中的寒带水族。

为西海岸最重要的港口，传统的航运和商业中心，对外重要通商口岸。全国的鱼类和鱼制品约一半经此外运，是通往大西洋与北极海的航线起点。

挪威濒临大西洋的座头鲸成了受保护的动物，但它仍然处于濒临灭绝的境地。目前只剩下一些分散的座头鲸，大部分生活在太平洋。

从缆车上俯看斯堪的纳维亚山脉挪威海岸壮丽景色

海岸景色

卑尔根的布吕根地
区穿传统服装的挪威人

□斯堪的纳维亚的威海和博肯峡湾

□**斯堪的纳维亚** 北欧大半岛，包括挪威和瑞典两个国家，长约1850千米。北起巴伦支海，东濒波罗的海，南临卡特加特海峡和斯卡格拉克海峡，西傍挪威海和北海，面积约75万平方千米。主要由块状山构成，是古波罗地盾的一部分。挪威和瑞典分别占有块状山脉的西东两侧，但瑞典一侧有广阔的斜坡，徐缓地伸入波罗的海；挪威一侧的山脉则直达海岸边缘，形成断岩削壁的峡湾。主要植物有橡树、榆树、枫树、云杉、松树、柳树和桦树等。主要动物有驯鹿、狼獾、旅鼠、狐、貂、獭、猞猁狼和北极熊等。

□**挪威海** 北大西洋之一部。西北连格陵兰海，东北接巴伦支海，东接挪威，南邻北海、设得兰群岛、法罗群岛和大西洋，西接冰岛和扬马延岛。最深点约3970米。含盐度约35‰。一条连接格陵兰岛、冰岛、法罗群岛和苏格兰北部的海岭把挪威海与大西洋分开。挪威海北部位于北极圈内，因此也常被划入北冰洋。由于挪威暖流从挪威海岸向东北流去，所以挪威海一般不封冻。暖流与寒流混合后，在冰岛、挪威、设得兰群岛和法罗群岛等沿海水域形成极好的渔场(主要产长须鲸、鳕、鲱、白鲑、海龙虾、牙鳕、毛鳞鱼等)。

□**博肯峡湾** 挪威西南部罗加兰郡的北海峡湾。出口处北为卡姆岛，南为通根内斯半岛，南北相距20千米。伸入内地约45千米。其主要分支包括北面的肖尔峡湾和桑德峡湾，东北面的赛于达峡湾和许尔峡湾，东南方的吕瑟峡湾和赫格峡湾。峡湾内有许多岛屿和小岛。峡湾海岸有龙虾。其中最重要的是峡湾入口中心的克维茨群岛、北端入口内的博肯岛、峡湾中部的芬岛和伦讷斯群岛，以及靠近头部的翁布岛。峡湾周围的唯一城市是通根内斯半岛西岸的斯塔万格。

博肯峡湾海底世界

斯堪的纳维亚驯鹿(上)　斯堪的纳维亚的威海的龙虾(下)

挪威海岸及博肯峡湾

挪威旗旁边的汉森，是阿蒙森(1861～1930年)南极探险队的一员，他因为先到达南极而永远被人记得。

挪威南极探险第一人——阿蒙森

阿蒙森1872年出生于斯陆附近博尔格。挪威的极地探险家，第一个到达南极，也是第一批乘飞机飞越北极的人之一。原学医，著有《南极》并与埃尔斯沃思合著《首次横渡北冰洋》。1897年任比利时探险船的大副，该船是第一艘在南极过冬的船。1903～1906年乘47吨的单桅帆船"佳阿"号由东向西穿过西北航道，到达那里。1910年6月从挪威出发去南极航行。他建立的基地比英国探险家R.F.斯科特建立的基地距南极近60英里。1911年10月9日带了4个同伴、52只狗，乘坐雪橇出发，在12月14日到达南极。1928年诺毕尔所乘飞艇在斯匹次卑尔根附近失事，阿蒙森前去营救，不幸罹难。

上图：来北极的破冰船　下图：斯堪的纳维亚山脉挪威海岸

挪威的斯瓦巴特群岛北极村

北极熊雌熊通常在冬季中期一次生育两胎。刚生下的小熊极小且无助，所以仍要跟随雌熊1~2年。北极熊的寿命最长可达34岁左右。

挪威北极熊及其栖息地

挪威北极熊分布于北极圈附近的大部分地区，肉食性哺乳动物。体长约2.5米，尾巴极短，肩高1.1米，体重可达410公斤。又称白熊、水熊、海熊、冰熊。一种大型乳白色的熊，为食肉目熊科半水栖动物。它们脚底的毛有助于在冰上行走，并有助于保温。它们的厚毛皮可以使之不容易滑落。雄熊身更长。正常情况下北极熊并不冬眠，然而怀孕的雌熊会在冬季隐居雪穴中。它们常会在岸边雪堆中挖穴，穴内的温度会保持近冰点，而熊会利用自己的体温来维持温暖，在昏睡的状态下休息，以其身体保存的脂肪为生，直到次年4月或5月。除了仲夏的交配季节外，雄性和雌性熊都分开来住。爱斯基摩人猎北极熊以取得毛皮和脂肪。世界上只有5个国家的部分地区拥有这种珍贵的动物：美国阿拉斯加北部和西北部沿岸、加拿大、丹麦的格陵兰岛、挪威的斯瓦巴特群岛和俄罗斯。

北极猞猁看起来和其他的猫科动物区别很大。它们尾巴很短，耳朵上有毛，有大而圆的爪子，这有助于它们在雪地上行走。

□奥斯陆文化区

首都奥斯陆位于该国东南部奥斯陆峡湾后部。1050年前后由国王哈拉尔·哈德拉德建城。其后,丹麦－挪威王国国王克里斯蒂安四世在原址以西即阿克什胡斯城堡墙垣之下建新城,命名为克里斯蒂安尼亚。克里斯蒂安尼亚市人口在19世纪得以增加,原因之一是该市将周边的许多地区并入,逐渐成为挪威最大而且影响力最强的城市,取代了其对手西部沿海城市卑尔根。

城市三面为群山和原野,既有高山的雄浑气势,又有海滨城市的旖旎风光,山水相映,美丽迷人。市内著名建筑有挪威国会、12世纪的阿克斯教堂、13世纪的阿克斯胡斯城堡、圣哈尔瓦大教堂、维格兰公园和17世纪的戏剧博物馆等。还被誉为"雕塑之家"(或"雕塑公园"),内有用石、铁、铜、木等雕塑

奥斯陆是挪威的贸易、银行业、工业和航运中心。奥斯陆港是全国规模最大,航运最繁忙的港口。拥有现代化的造船、机械、电子、电器、炼铝、化工、造纸、印刷、纺织等工业。有挪威贸易博览会和挪威毛皮拍卖会场,也是全国公路、铁路和航空线的枢纽。

挪威历史

公元前7000年～前6000年,即有人类活动的痕迹。公元前3000年,开始出现畜牧业和农业,后形成包括奥斯陆海湾周围、西南部海滨、西部沿海和北方的几个互不相属的部落。793年,维京人猛攻英格兰及北部海岸外的林迪斯芳,而挪威的历史也从此时开始。9世纪,西海岸形成统一王国。9～11世纪,统一王国进入全盛期。1015年,奥拉夫二世成为整个挪威的国王。1130～1240年,为争夺王位而发生内战。14世纪中叶,开始衰落。1397年,与丹麦和瑞典组成卡尔马联盟,受丹麦统治。1814年 被丹麦割让给瑞典。1905年,挪威独立,重建君主政体。1913年,妇女获得选举权。1914～1918年,一战期间保持中立。1920年,14个国家签署条约,承认挪威对斯瓦尔巴群岛拥有的主权,通行权和经济开发权为国际社会共享。1925年,斯瓦尔巴群岛正式并入挪威。1930年,扬马延岛正式并入挪威版图。1939年,二战爆发,挪威宣布中立。

成的150组群雕像。此外,它还是王室和中央政府的所在地。

挪威的主要文化机构设在奥斯陆。市中心区有国家剧院、挪威剧院、奥斯陆新剧院和挪威歌剧院。历史博物馆和国家美术馆,如蒙克博物馆、挪威民俗博物馆、"前进"号船展览馆、"康－提基"号木

维京人的造船技术促进了挪威人的后几个世纪航海业重大发展。图为文化之都奥斯陆港口停泊的仿古船只。

奥斯陆费格兰的磐石柱，在喷泉上方一块隆起的高地上，环绕着36组花岗岩人形塑像的磐石柱，雕刻在泛白的单一花岗岩石柱上，包含有121个人形轮廓。

筏博物馆以及挪威航运博物馆。奥斯陆大学附设科学研究机构，该校的图书馆是挪威的主要图书馆，该校的大礼堂是全市最著名的大厅。除奥斯陆大学外，还有其他全国性高等教育中心。该市每年举行霍尔门科伦跳台滑雪赛。比斯雷特竞技场位于市中心，是国际上闻名的速度滑冰竞赛场。

(1)索洛韦茨基群岛的历史建筑群
位于俄罗斯白海的奥涅加湾北部。因俄国沙皇经常巡视索洛韦茨基，所以在岛屿上建造了许多供奉沙皇的圣堂。建在索洛韦茨基岛上的索洛韦茨基修道院是俄罗斯最大的修道院之一。(图为索洛韦茨基修道院)

俄罗斯

总面积: 17 080 000 平方千米

人 口
- ■ 5 000 000 以上
- ▣ 1 000 000 以上
- ◉ 500 000 以上
- ◎ 100 000 以上
- ◌ 50 000 以上
- • 10 000 以上

□圣彼得堡历史中心及纪念物群

(2)诺夫哥罗德周边的历史建筑群
位于俄罗斯西部诺夫哥罗德州。诺夫哥罗德城建于公元862年。公元11世纪，建造了要塞内规模最大的圣索菲亚大教堂。14世纪，建造了伊利因街救世主教堂。(图为圣索菲亚大教堂)

□三圣一体大修道院

□克里姆林宫和红场

(3)科洛明斯科耶主升天教堂
位于俄罗斯首都莫斯科东南部莫斯科河右岸的小山丘上。是莫斯科大公瓦西里三世为庆祝他的王位继承人诞生，于1532年修建的。

□基季岛的木造建筑

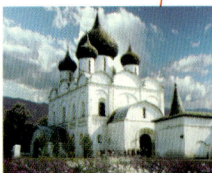

(4)弗拉基米尔和苏兹达利的历史建筑群
位于俄罗斯联邦弗拉基米尔州，距首都莫斯科东北约180千米。弗拉基米尔城和苏兹达利都是俄罗斯历史悠久的古城。(图为圣母安息教堂)

(5)科米的原始森林
位于俄罗斯乌拉尔山麓，面积32800平方千米，是欧洲现存面积最大的亚寒带森林。

（地图标注）
法兰士约瑟夫地群岛
新地岛
乔治地岛
巴伦支海
瓦伊加奇岛
科尔古耶夫岛
芬兰湾
波兰
立陶宛
拉脱维亚
爱沙尼亚
加里宁格勒
圣彼得堡
普斯科夫
诺夫哥罗德
白俄罗斯
斯摩棱斯克
特维尔
莫斯科
图拉
布良斯克
奥廖尔
库尔斯克
别尔哥罗德
利佩茨克
沃罗涅日
乌
克
兰
亚速海
黑海
罗斯托夫
克拉斯诺达尔
迈科普
阿迪格自治共和国
索契
卡拉恰伊－切尔克斯自治共和国
斯塔夫罗波尔
埃利斯塔
卡尔梅克自治共和国
北奥塞梯自治共和国
卡巴尔达－巴尔卡尔自治共和国
弗拉季卡夫卡兹
纳尔奇克
格罗兹尼
车臣－印古什自治共和国
马哈奇卡拉
达吉斯坦
格鲁吉亚
亚美尼亚
阿塞拜疆
里
海
阿斯特拉罕
奥伦堡
萨拉托夫
沃尔加格勒
萨马拉
乌里扬诺夫斯克
奔萨
坦波夫
梁赞
弗拉基米尔
伊万诺沃
科斯特罗马
雅罗斯拉夫尔
沃洛格达
切列波韦茨
彼得罗扎沃茨克
阿尔汉格尔斯克
纳里扬马尔
科特拉斯
瑟克特夫卡尔
科米共和国
基洛夫
喀山
鞑靼自治共和国
乌法
车里雅宾斯克
库尔干
叶卡捷琳堡
下瓦尔托夫斯克
托博尔斯克
秋明
汉特－曼西斯克
鄂木斯克
新西伯利亚
托木斯克
鲁布佐夫斯克
巴尔瑙尔
哈
萨
克
斯
坦
乌
拉
尔
山
西西伯利亚平原
纳德姆
萨列哈尔德
沃尔库塔
科拉半岛
摩尔曼斯克
阿帕季特
北德文斯克
别列兹尼基
彼尔姆
中
国

(6)堪察加火山群

　　位于俄罗斯的堪察加州。面积3.3万平方千米，处于太平洋火山带上。是世界上活火山最集中的地方，火山群中的克柳契夫火山海拔4750米，是亚洲大陆中较活跃和最高的活火山。自然景观独特，山间动植物丰富。

美国（阿拉斯加）

北　冰　洋

楚科奇海

白令海峡

白

令

海

太

平

洋

拉普捷夫海

东西伯利亚海

弗兰格尔岛

德隆群岛

楚科奇半岛

新西伯利亚群岛

新西伯利亚群岛

科捷利内岛

大利亚霍夫岛

姆·贝尔岛

共青团员岛

北

地

十月革命岛

布尔什维克岛

佩韦克

阿纳德尔湾

阿纳德尔

切尔斯基

科

里

亚

克

山

脉

泰梅尔半岛

贝兰加山

泰梅尔湖

科雷马低地

科

雷

马

山

科雷马山地

奥伊米亚康

苏苏曼

切

尔

斯

基

山

脉

楚

克

奇

基

山

合列霍夫海

克柳契夫火山
4750

乌斯季堪察茨克

马加丹

彼得罗巴甫洛夫斯克

堪察加半岛

黄托克纳拉高原

伊加尔卡

通古

下

西

伯

利

亚

高

上

扬

斯

克

雅

库

特

斯

克

维

扬

斯

克

山

脉

亚

纳

河

朱

格

朱

尔

山

脉

亚尔丹山

鄂

霍

次

克

海

中西伯利亚高原

伯

利

雅克茨克

米尔内

奥廖克明斯克

勒

拿

河

阿尔丹山原

斯塔诺夫

山脉

尚塔尔群岛

萨哈林岛

克拉斯诺亚尔斯克

哈卡斯自治州

阿巴坎

斯克

图瓦自治共和国

西伯利亚地区

乌索利耶

安加尔斯克

乌兰乌德

伊尔库茨克

布拉茨克

布拉茨克水库

贝加尔湖

布里亚特自治共和国

雅

布

洛

诺

夫

山

赤塔

博代博

斯

塔

诺

夫

山

滕达

布

里

亚

特

自

治

州

外

天

山

石

勒

喀

河

布拉戈维申斯克

布里亚比赞

犹太自治州

黑

龙

江

共青城

哈巴罗夫斯克
（伯力）

亚历山德罗夫斯克－萨哈林斯克

南萨哈林斯克

鞑

靼

海

峡

千

岛

群

岛

日　本　海

乌苏里斯克

乌苏里江

纳霍德卡

符拉迪沃斯托克
（海参崴）

兴凯湖

蒙　　古

中　　国

朝
鲜

海拔

3000米
2000米
1000米
500米
200米
海平面
－200米

北

□贝加尔湖

0　　　　　500千米

0　　　　　500英里

□克里姆林宫和红场

　　克里姆林宫和红场位于俄罗斯首都莫斯科中心。克里姆林宫是"城堡"的意思，最早的雏形是12世纪初多尔戈鲁公爵建筑的城堡。通常坐落在河边的战略据点，外有围墙（木墙，后为石墙或砖墙）、堡垒、城壕、城楼和城垛。几个公国（如莫斯科、普斯科夫、诺夫戈罗德、斯摩棱克、罗斯托夫、苏兹达尔、雅罗斯拉夫尔、弗拉基米尔和下诺夫戈罗德）的首府均建立在古城堡的周围，城堡内通常有大教堂、君主和主教宅邸。1918年以后成为俄国的政治中心。该建筑原为木结构，14世纪时由意大利建筑师改为砖结构。克里姆林宫的建筑形式反映了其漫长的历史，并融合了拜占廷、俄罗斯巴洛克和古希腊罗马等多种风格，整体布局呈三角形。其东侧面向红场，有四个城门和一条通往莫斯科河的秘密通道。1917年10月布尔什维克取得政权之后，莫斯科克里姆林宫成

弗拉基米尔大公，在公元988年改信督教，皈依东正教。

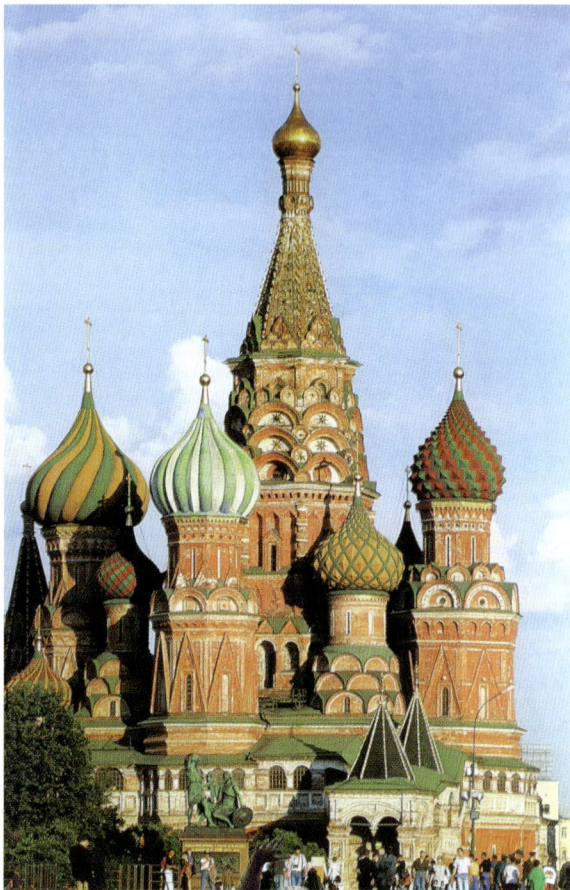

圣罗勒大教堂圆顶。俄罗斯圣罗勒东正教教堂五彩缤纷的圆顶。圣罗勒大教堂是沙皇伊凡四世统治后期专门为他自己修建的，坐落于首都莫斯科市中心红场旁边，是沙皇独裁统治的突出象征。

圣巴西索大教堂前的青铜雕塑

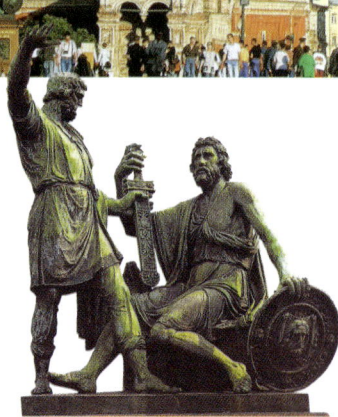

12世纪俄罗斯进入了封建时期

莫斯科大公国

　　俄国中世纪的一个公国，在留里克王朝领导下，从罗斯托夫－苏兹达尔公国的一小块领地扩展为俄罗斯东北部占有统治地位的公国政权。1326年成为东正教俄斯教区总主教常驻地。1328年起，莫斯科大公从鞑靼宗主处获得弗拉基米尔大公称号。季米特里·顿斯科伊曾打败鞑靼人（1380年）。伊凡三世在位时期（1462～1505年）并入这个大公国的有梁赞、雅罗斯拉夫尔（1463年）、罗斯托夫（1474年）、特维尔（1485年）和诺夫哥罗德（1478年）。在伊凡统治末期，莫斯科大公实际上成为整个俄罗斯的统治者。

伏尔加河旁边的克里姆林宫中心城堡，整体布局呈三角形，其东侧面向红场，有四个城门和一条通往莫斯科河的秘密通道。1991年后成为俄罗斯联邦的行政总部。

克里姆林宫圣母升天大教堂南侧的正门,以其精美的画像而闻名。

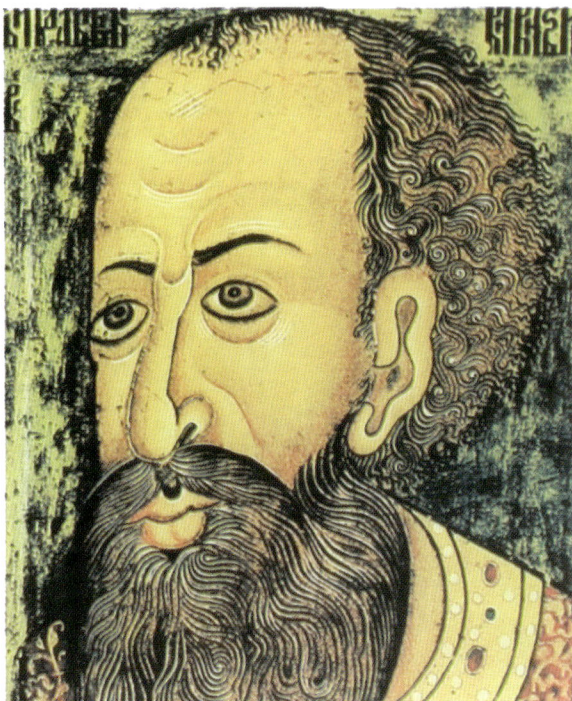

恐怖伊凡(伊凡四世),统治作风残暴专横。

为列宁的苏维埃政府所在地和共产主义的象征。1991年苏联解体后这里成为俄罗斯联邦的行政总部。

　　□**克里姆林宫**　克里姆林宫平面呈不等边三角形,面积2.75平方千米,四周环以红色宫墙。公元14世纪中期~15世纪改建为白石墙壁。宫墙全长2235米,高5~19米,有20座城门和塔楼,其中特罗伊茨卡亚塔楼高达80米。克里姆林宫的主体宫殿是大克里姆林宫,竣工于1849年,是前苏联政府所在地。

　　□**教堂广场建筑群**　克里姆林宫教堂广场上有圣母升天大教堂、金色圆顶教堂和圣母顾报教堂。这些教堂共同的特征是有金色的圆顶。广场中唯一的世俗建筑是多棱宫,建于1491年。主厅在二楼,约

克里姆林官的圣母升天大教堂，是历代俄国沙皇举行加冕大典的地方。

有500平方米，大厅正中有巨柱伸出的四棱柱支撑圆顶。伊凡大帝钟楼是克里姆林宫中的最高建筑，高81米。钟楼有5层，冠以金顶，外观呈八面棱体层叠状，每一棱面有拱形窗，窗口有自鸣钟。

□红场　红场与克里姆林宫毗连，建于公元15世纪，最早是贸易市场。广场长693米，宽130米，总面积9万平方千米，是莫斯科重大历史事件的见证场所。广场东南的圣瓦西里大教堂建在一座高台上，中央圆顶高46米，四周有8个圆顶环绕。整座建筑华丽、典雅。

红场旁边的克里姆林宫

克里姆林官的主体建筑"大克里姆林官"，是苏联时期的党政领导机关所在地。

克里姆林官最高的建筑"伊凡大钟楼"，附近有世界上最大的钟(钟王)和世界上最大的铁炮(炮王)。

莫斯科运河连接莫斯科与伏尔加河上的伊万科沃(莫斯科北面)的水道。建于1932～1937年，作为莫斯科的主要水路。运河长128千米，沿河共有11道船闸。河深最浅处为5.5米，船闸长宽为290米×30米。

克里姆林宫耶稣天降教堂的圆顶，具有拜占廷艺术风格。

列宁 1922 年宣布苏维埃社会主义联邦共和国成立，莫斯科成为其首都。

□世界东正教的领袖——俄罗斯正教会　东正教是基督教三大教义及组织集团之一，其特色是继承使徒教会传统，拥有自己的礼仪和地域性教会。东正教会遵循由最初的七次普世宗教会议确立的信仰和习俗。其教徒主要在巴尔干地区、中东和俄罗斯。东正教包含许多自主教会，他们承认君士坦丁堡牧首(普世牧首)名义上的领导，而且相互联系。造成东正教与天主教分裂的并非神学因素，而是文化及政治因素。罗马帝国分为东西两个半部，西半部主要使用拉丁语，东半部知识界主要使用希腊语；在文化方面，西派基督教(天主教和新教)与东正教之间的分歧使罗马帝国这种分裂状态长期存在。拜占廷帝国的传统是东正教会在国家中仅发挥从属作用。最

初的基督教文献用希腊文写成。到了10世纪，俄罗斯经过君士坦丁堡方面传教人员的劝化改奉东正教，才使东西两派教会的均势有所平衡。分歧主要是：西派教会认为三位一体，上帝的第三位圣灵来自圣父和圣子；而希腊方面则认为，圣灵仅仅出自圣父。1054年教皇利奥九世和君士坦丁堡牧首米恰尔(色路拉里乌斯)互相判处绝罚，教会史上即以该年为分裂之始。这种互不承认的局面一直延续到1965年。不光彩的第四次十字军行动推翻了拜占廷皇帝，洗劫君士坦丁堡，并于1204年任命一个服从教皇的拉丁人为君士坦丁牧首，这些事在东方造成的恶感使后来多次恢复统一的企图均归于失败。从1453年复兴的拜占廷帝国败于土耳其人起，到1917年俄国革命

克里姆林宫的圣母升天大教堂(图中左侧)，是历代俄国沙皇举行加冕大典的地方。图中右侧是天神报喜大教堂。

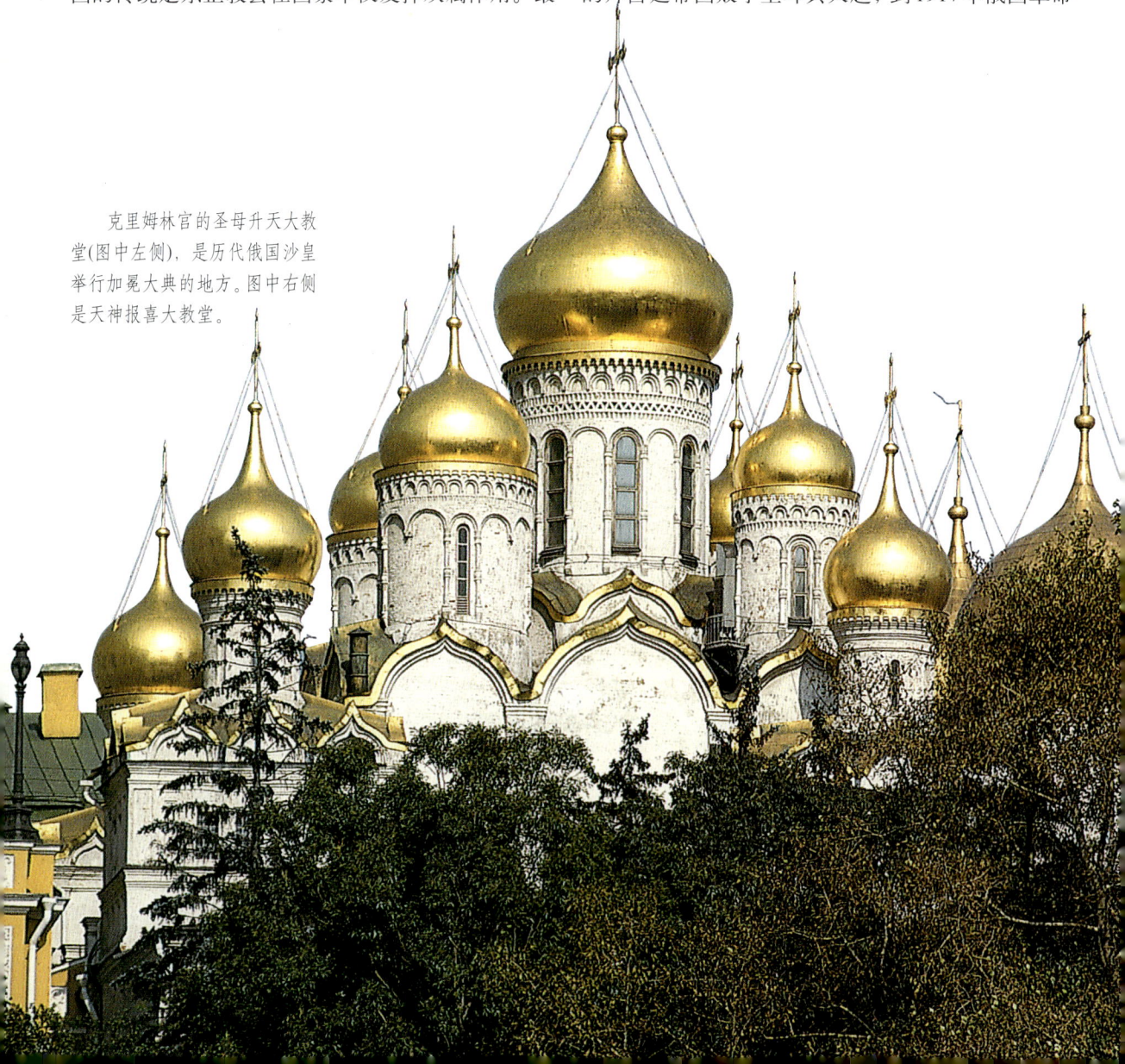

止，俄罗斯东正教会一直是世界东正教的领袖。派到阿拉斯加活动的俄罗斯传教人员于1794年在美洲建立起东正教会，东欧移民使东正教成为美洲宗教生活中的主要因素。东正教的礼拜仪式华丽多彩，满足人的各种感官，是其最突出的特点。圣像(基督、圣母和圣徒的正式画像)在东正教礼拜中发挥重要作用。东正教会积极参加20世纪的普世教会运动。东正教大多数教会与新教主要派别都加入世界基督教协进会，并与许多教会进行神学讨论以增进了解和团结。东正教人士又表示决心维持东正教会的完整。

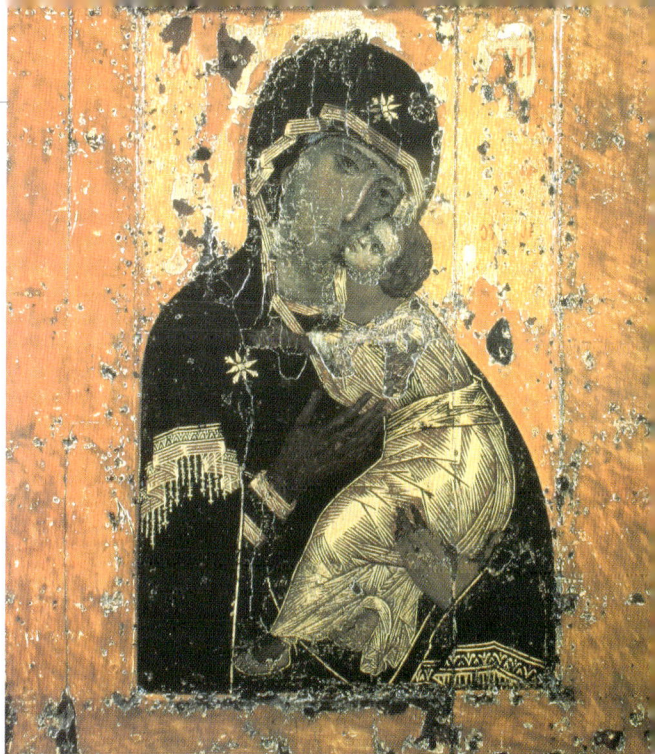

(上图)弗拉基米尔的圣母。原创于12世纪。可能出自君士坦丁堡。木板蛋彩画。高约78厘米。(下图)克里姆林宫天使大教堂的壁画，为宗教艺术杰作。天使大教堂是彼得大帝之前俄国历代帝王的墓地。

□圣彼得堡历史中心及纪念物群

圣彼得堡历史中心及纪念物群位于俄罗斯的圣彼得堡。该市在俄罗斯的西北角，位于莫斯科西北约640千米处，在北极圈以南仅7纬度的地方。1712年，圣彼得堡成为俄国首都，此后100年间一直是俄国政治、经济、文化中心。漫长的岁月中，圣彼得堡不断发展，成为与法国巴黎齐名的美丽城市。

圣彼得堡是俄罗斯第二大城市，1703年为彼得大帝一世所建，称圣彼得堡。1914年改称彼得格勒，1924年改称列宁格勒，1991年恢复圣彼得堡原名。

鸟瞰圣彼得堡。它是俄罗斯的文化之都，一个由岛、桥梁、18世纪古典宫殿结合而成的波罗的海北岸雄伟都市。

俄帝国的缔造者彼得大帝一世

该市因其为1917年二月革命和十月革命的发生地以及第二次世界大战期间曾被包围并顽强抵抗而特别出名。在建筑方面，圣彼得堡可列为最辉煌壮丽和最优美和谐的欧洲城市之一。

圣彼得堡位于涅瓦河三角洲，在芬兰湾的顶端。该城市分布在三角洲的约42个岛屿以及毗邻大陆冲积平原的若干部分上。原为沼泽的低地使该市经常遭受严重水患，尤其在秋季，强大的旋风把芬兰湾的水吹向上游，而春季冰雪消融时也是这样。圣彼

亚历山大纪念碑和冬宫前的凯旋门

得堡为水道与桥梁之城，素有"北方威尼斯"之称。圣彼得堡的许多历史和文化遗产都集中在海军部区。海军部大厦中心，这座大厦原为彼得大帝一世所建旧城的核心，1727~1738年由科罗博夫改建。精美的、顶上耸立着船形风标的塔尖是这座城市的主要纪念碑。海军部大厦以东是巨大的冬宫广场。靠近广场中央是花岗石的亚历山大纪念石柱(1830~1843年)，为世界上最高的纪念石柱，重600吨，全靠自重稳固地立在基座上，不以任何方式粘固，高达50米。

冬宫广场和涅瓦河之间，蠢立着长方形的冬宫

(上)位于俄罗斯涅瓦河畔的名城圣彼得堡。　(左下)圣彼得堡的冬宫，有1000个厅室，建于1754～1762年，"蓝墙白柱"是基本色调。　(右下)夏宫花园各喷泉的周围，竖立着古希腊神话人物和故事雕像。类似的雕像在凡尔赛宫御苑也经常可见。事实上，夏宫花园就是仿凡尔赛宫而建的。

夏宫也叫彼得宫，建于1701年。全宫包括大宫殿、下花园、玛尔丽宫、奇珍阁、亚历山大花园及茅舍宫等。夏宫以喷泉著称，宫内有64座喷泉，喷泉之间点缀以187座大小金色塑像和29座浅浮雕，光怪陆离，蔚为壮观。

——从前的沙皇就住在这里。现在的这座建筑物是第五次修建的，为拉斯特雷利的巴洛克式建筑杰作，建于1754～1762年。1839年，冬宫几乎完全按照拉斯特雷利的设计图重新建成。宫殿令人叹为观止的外表，被绿色背景衬托的白色石柱和金色装饰线条相互映照，金碧辉煌。屋顶上列有176尊雕像。这座建筑群（现在名爱尔米塔什博物馆，或爱尔米塔什国家博物馆）是世界上重要艺术精品的珍宝馆，1764年建成时原为女皇叶卡捷琳娜二世的私人收藏馆。

冬宫对面是雄伟的弧形总参谋部大厦（1811～1829年），大厦左右两翼由一巨大的凯旋拱门连接，拱门顶上是英雄群像，顶部耸立着一架战车，载着一位象征光荣之神的雕像，表示俄罗斯在1812年战役中的胜利。

广场上耸立着彼得大帝一世骑着骏马的雕像"青铜骑士"，由法尔康涅创作于1782年。参政院和正教院大楼附近是圣伊萨克大教堂，由蒙费兰兴建（1818～1858年）。圣伊萨克大教堂是世界上最高的圆顶建筑物之一，纯金镀饰约100千克的金碧辉煌的穹顶高达331英尺，全圣彼得堡都看得见。由海军部大厦及周围广场辐射出3条大街，其中最主要、最闻名的是涅瓦大街。其中最著名的是圣彼得的路德教堂（1833～1838年）、圣凯瑟琳的罗马天主教堂（1763～1783年）和喀山大教堂（1801～1811年），是涅瓦大街最精美的建筑。它内部有许多精致华美的雕塑和油画，教堂正面有宏伟的半圆形柱廊。从广场

俄帝国的缔造者彼得大帝一世

彼得大帝一世（1672～1725年，圣彼得堡），1721年起为皇帝，是俄国最伟大的政治家，其成长受到母亲的很大影响。

彼得当政初期，俄国没有通向黑海、里海或波罗的海的出口。亚速战役（1659～1696年）中，从土耳其所辖的克里米亚鞑靼汗国手中夺取亚速，以此预防鞑靼人的突然袭击，保障南部边疆的安全，并且还可以逼近黑海。1696年占领了亚速。为了巩固这一胜利，在顿河三角湾的北岸设立了塔甘罗格港，建设一支强大海军的工作从此开始了。大使团在1697～1698年派出一些年轻贵族到国外学习航海技术，彼得化名为米海伊洛夫中士，亲自去西方先进国家了解情况。他用4个月时间学习造船技术，此后去英国，继续学习造船技术，同时，他还聘请了一些外国专家来俄国工作。北方战争（1700～1721年）期间，当他了解到奥地利同海上大国一样，也准备为西班牙王位继承权进行战争并打算同土耳其讲和时，他追随其先辈的传统，即将注意力转向波罗的海。瑞典这时占据着卡累利阿、因格里亚、爱沙尼亚和利沃尼亚，并封锁了俄国通向波罗的海沿岸的道路。为了把瑞典人赶走，彼得积极参与组建包括俄国、萨克森、丹麦－挪威在内的大同盟。1700年，这个大同盟发动了北方战争。这场战争持续了21年，并成了彼得的主要军事活动。波尔塔瓦战役（1709年），使瑞典遭到毁灭性失败。

战争进行期间，在彼得亲自指导下，俄国还签订了一些条约。彼得为了外交事务又数度出国，例如，1712年去波美拉尼亚，1716～1717年去丹麦、北德意志、荷兰和法国。

1703年，彼得在流入芬兰湾的涅瓦河两岸开始建筑圣彼得堡，并于1712年将其定为俄国的新首都。根据1721年9月10日（旧历8月30日）签订的《尼斯塔得条约》，波罗的海东岸终于割给了俄国，瑞典降为二等大国，为俄国统治波兰打开了通路。

彼得身材高大魁伟，身高超过2米（6英尺半），英武漂亮，臂力过人。彼得的个性在俄国整个历史上留下了它的印记。他未能完成在俄国和西方国家之间架桥的事业，但他在发展国家的经济和贸易、教育、科学和文化以及对外政策方面成就卓著。

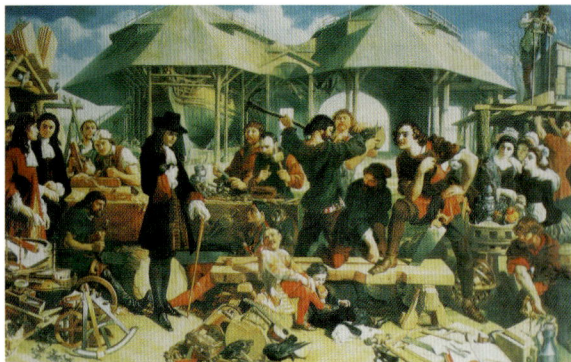

彼得大帝在德普特富尔德船坞

复活大教堂位于格里波叶多夫运河旁,教堂所在就是当年亚历山大二世被刺杀的地点。受到莫斯科红场圣巴斯尔大教堂的影响,这座建于 1883～1907 年的俄罗斯式教堂,也拥有大小不一的洋葱状圆顶,教堂内外则贴有许多独特的马赛克瓷砖。

的主要入口望过去，左右两边分别列有18世纪的拉扎鲁斯公墓（安葬着罗蒙诺索夫和该市的许多建筑师）和19世纪的齐赫文公墓（有陀思妥耶夫斯基、穆索尔斯基和柴可夫斯基等作家和作曲家的墓）等许多纪念碑和雕塑。这里还有圣三一大教堂（1778～1790年，斯塔罗夫设计）的塔尖和穹顶。彼得一世的第一座花园夏宫，由特雷齐尼按俄罗斯早期的巴洛克风格于1710～1714年建造，坐落在该岛的东北部。

彼得格勒区。雄伟的彼得－保罗要塞位于彼得格勒区涅瓦河分叉点上游，与小涅瓦河与斯特列尔卡隔河相望。这座碉堡建于1703年，是该市的第一座防御工事，最初为土堡，不久改成岩石，高40英尺，厚12英尺，碉堡上架有300门火炮。圣彼得和圣保罗大教堂的塔尖细长如箭。这座大教堂由特雷齐尼建于1712～1733年，从彼得大帝时代起（除了彼得二世和尼古拉二世），就是俄罗斯历代沙皇和女皇的陵墓。从19世纪初开始，彼得－保罗要塞成了一座监狱，主要监禁政治犯。现为博物馆。每天正午都有一门火炮从雉堞墙上开火。

□**彼得－保罗要塞** 彼得－保罗要塞建于1703年，是圣彼得堡的中心建筑，为六棱体形，高12米。要塞内有彼得－保罗大教堂、国家政治监狱、造币局和兵工厂等建筑。

凯萨琳大帝（1762～1796年在位），即凯萨琳二世。来自德国的凯萨琳大帝，在位期间在圣彼得堡展开了一系列建设，使首都成为气势恢宏的大城。她还实行多项改革，俄国版图大大扩张，为她赢得不少声誉。她尤其重视文艺，喜好收购各种艺术品，今日爱尔米塔什博物馆收藏之丰，凯萨琳大帝功不可没。

□**夏宫** 夏宫也叫彼得宫，建于1701年。全宫包括大宫殿、下花园、玛尔丽宫、奇珍阁、亚历山大花园及茅舍宫等。夏宫以喷泉著称，宫内有64座喷泉，喷泉之间点缀着187座大小金色塑像和29座浅浮雕，光怪陆离，蔚为壮观。

□**冬宫** 冬宫始建于1711年，以后经过多次扩建。宫内有1050个房间、1886个门、120个楼梯、1945扇窗户，是一座巴洛克式的三层建筑。浅绿色的宫墙、雪白的立柱、深邃的长廊、精美的壁画和雕像，令人叹为观止。宫内的黄金厅从天花板到地板，从墙壁到家具，全部饰以金箔。此外还有绿宝石寝宫、水晶宫。冬宫是与之相邻的艾尔米塔日博物馆的一部分。艾尔米塔日博物馆收藏非常丰富，规模可以和伦敦大英博物馆或巴黎卢浮宫相媲美。

在凯萨琳大帝统治时期，1754～1762年增建的

圣彼得堡爱尔米塔什博物馆的装饰艺术画廊，有玻璃制品、金银器皿、珠宝等，包括中国的陶瓷和漆器。

爱尔米塔什博物馆内的收藏品——装饰华丽的马车，这是法国国王赠送凯萨琳大帝的礼物。

冬宫格外堂皇。该宫仍由意大利建筑师拉斯特雷利设计，竣工后成为新的帝国行政中心和沙皇住所，而夏宫则作为大宴群臣和接见外国使节的地方。冬宫比夏宫还要豪华，一面临河，一面依着冬宫广场。1762年继位的凯萨琳大帝(1762－1796年在位)又在圣彼得堡展开了一系列建设，使首都成为气势恢宏的大城，宫苑也成为北方的一朵奇葩。她尤其重视文艺，将首都造成全国音乐、艺术及社交中心。

凯萨琳在位期间，大量收购艺术品，并在冬宫左侧兴建了"爱尔米塔什"，法语意为"秘密屋"，以便收藏这些珍品。1917年十月革命后，整座冬宫、三座爱尔米塔什和1783至1787年建的同名剧院，一起被辟为博物馆。豪华的宫殿中陈列着举世无双的艺术珍品，走进大厅，首先映入眼帘的是一辆装饰华丽的马车，那是法国国王赠给凯萨琳大帝的礼物。馆内的西方美术陈列室中，收藏有存世不多的达·芬奇旷世杰作。

□**伊萨基辅大教堂** 伊萨基辅大教堂高达102米，是圣彼得堡最高建筑物。建于1818年，历时40年才完成。教堂四面有16根粗大石柱，每根重12吨，成双排列，托起山墙，极为壮观。教堂内部全是价值连城的壁画。

冬宫是昔日俄国沙皇居住的宫殿，每个房间极尽奢华的装潢布置自然不在话下。图为二楼展览厅装饰华丽的拱顶。

达·芬奇以圣母为题材的作品《利塔圣母》。这幅画作在19世纪中叶以前一直为米兰的利塔家族所收藏，因而得名。

圣彼得堡爱尔米塔什博物馆的荷兰画派作品。这个展室最引人注目的是伦勃朗的作品收藏。

□三圣一体大修道院

三圣一体大修道院位于俄罗斯联邦莫斯科州，在首都莫斯科以北约65千米处，是为安放俄罗斯东正教圣人谢尔吉耶夫·拉多涅日斯基的遗体，于1422年建造的。三圣一体大修道院已成为俄罗斯东正教的神学研究中心。1744年，这座大修道院成为和基辅的别切鲁斯卡娅大修道院、圣彼得堡的亚历山大·涅夫斯基大修道院齐名的俄罗斯东正教三大总寺院之一。

□**建筑特色**　修道院教堂为白色，带有狭长的窗户。教堂内的壁画是俄罗斯肖像画家安德列·鲁勃廖夫的杰作。

三圣一体大修道院

三圣—圣塞尔吉斯修道院

三圣—圣塞尔吉斯修道院是俄罗斯东正教历史最悠久的修道院之一，建筑物本身光辉耀眼，美丽绝伦。内部收藏着古俄罗斯画作和贵金属工艺品。俄罗斯中古世纪最杰出的画家鲁勃廖夫所绘制的《旧约三圣一体》、三圣钟楼的大钟是其中代表。成千上万的东正教教徒群至三圣—圣塞尔吉斯修道院朝圣，他们来到白色石墙建成的三圣大教堂瞻仰圣塞尔吉的遗体。1660年代早期，波兰－立陶宛人进攻时，包围此地达 16 个月之久。是国家级重要博物馆。修道院本身也有一座神学院。拥有五个圆顶的圣母升天大教堂是整体建筑的中心，以前曾是修道院的主教堂，1559 年由沙皇伊凡兴建。

沿着南面城墙来到 17 世纪圣塞尔吉餐堂教堂，东正教最高主教的住所就在隔壁的教主教区。整体建筑中最珍贵的部分就是五层状的钟塔。

上图：鲁勃廖夫是俄国最杰出的宗教画家，图为其著名绘画《旧约三圣一体》，画面精致细腻，别具韵律风格，在东正教圣像画的创作上无人可与之匹敌。下图：东正教堂内的装饰壁画，由安德烈·鲁勃廖大创作的《旧约的三位一体》(三位天使拜访亚伯拉罕)。约 1410～1420 年。木板蛋彩画。141 × 113 厘米。

□贝加尔湖

贝加尔湖在东西伯利亚南部，位于俄罗斯联邦布里亚蒂亚共和国和伊尔库茨克州境内。它是世界上最深的湖泊，最深处达1620米。长636千米，平均宽48千米，面积31500平方千米。湖水容量23000立方千米，约占地球表面淡水总量的1/5。有336条大小溪河注入，最大的是色楞格河、巴尔古津河、上安加拉河、图尔卡河和斯涅日纳雅河。

贝加尔湖位于一很深的构造山谷地带，四周高山围绕，有的高出湖面2000米。湖底沉积层厚达6100米。岸边有死火山遗址。1962年的一次地震淹没了色楞格河三角洲北部约200平方千米土地，贝加尔湖出现了一个称为普罗瓦尔的新湾。地壳断裂处不断有新的热矿泉产生。

□**珍稀植物**　贝加尔湖两岸是针叶林覆盖的群山。山地草原植被分别为杨树、杉树和落叶树、西伯利亚松和桦树，植物种类达600多种，其中3/4是贝加尔湖特有的品种。

□**珍稀动物**　湖里动植物数量和品种都很多，在不同深度共有1200多种动物，在水面或接近水面有

俄罗斯联邦的贝加尔湖是著名湖泊，位于西伯利亚南部，靠近俄罗斯与蒙古的边境。沿着林木葱郁的湖岸看去，茫茫的贝加尔湖一直向地平线延伸。湖底谷地两岸地形不对称，西岸为陡坡，东岸坡势较缓。8%的湖底很浅，只有50米深。曲折的湖岸线总长2100千米，在巴尔古津湾、奇维尔库斯基湾和普罗瓦尔湾，以及阿亚亚小港和弗罗里哈小港等处有很大的凹入处。东岸有一半岛伸入湖中，名圣角。湖中有27个岛屿，最大的是奥尔洪岛(面积725平方千米)和大乌什卡尼岛(面积8平方千米)。湖水基本由各河流入，主要是色楞格河。湖水大部由叶尼塞河的支流安加拉河排出。1~2月气候平均-19℃，8月平均11℃。湖面1月结冰，5月解冻。浪可高达4.6米。湖水清澈。

约600种植物。约有50种鱼，分属7科，最多的是杜父鱼科的25种杜父鱼。大马哈鱼的量很大，鲖鱼、鲱型白鲑和鲟鱼也很多。唯一的哺乳动物是贝加尔海豹。有一种贝加尔特产湖鱼，名胎生贝湖鱼，属胎生贝湖鱼科，由母鱼直接产下仔鱼。贝加尔湖区有320多种鸟。

□**自然保护区** 贝加尔自然保护区在俄罗斯东南部，建于1969年，面积169300公顷。地处贝加尔

冰封的贝加尔湖

贝加尔湖鲟鱼

贝加尔湖是亚洲最大的淡水湖，它拥有27个岛屿。图为位于奥尔洪西岸的湖中第一大岛沙曼岩。

贝加尔湖的海豹

贝加尔湖是世界上唯一存在这种小型淡水海豹的地方。海豹的长度仅有约120厘米，最重约为73公斤，有深灰色的毛皮，而小海豹出生于偏僻的雪中洞穴，是纯白色的。冬季，幼仔的双亲为了保持空气能进入洞穴，必须从下部啃冰。关于海豹的祖先是如何到达贝加尔湖的问题是很有趣的。被称作帕拉坦瑟斯的巨大内陆海曾伸入到现在的里海、黑海、咸海等地区，但没有迹象表明大海曾占据过西伯利亚的贝加尔地区。据认为贝加尔海豹的祖先和种系较近的里海海豹均发源于此，当帕拉坦瑟斯收缩时，一些存留于里海中，而另一些逃入北冰洋。科学家推测在最近一次冰期时，当时叶尼塞－安加拉河流系统连接贝加尔湖并通向北冰洋，北冰洋的海豹通过迁移，一部分到达了贝加尔湖。

湖南岸，包括哈马尔达坂山之一段。低地、山坡、山地草原的植被分别为杨树、杉树和落叶树、西伯利亚松和桦树。野生动物有鹿、獾、野猪、鼬、山猫以及各种鸟禽。

贝加尔湖是世界上唯一存在这种小型淡水海豹的地区，世界上没有一个地区再能找到这种贝加尔海豹。贝加尔湖海豹属海狗科，长120厘米，最重约为73公斤，海狗及其近亲海狮都能把后肢转向前方，协助支持身体，在陆地上移动时，则四肢并用，或跑或走。

□基济岛的木造建筑

　　基济岛位于俄罗斯西部的奥涅加湖上。这些木造建筑主要包括主显圣容教堂、圣母教堂、八角形钟楼等。基济岛拥有：基督神化教堂，由700立方木材筑成，带22个装饰圆顶和一堵由102幅圣像组成的画壁；马利亚保佑教堂，带27米高的中央圆顶和8个附属圆顶，建筑风格是用砌块建筑方式建造的北俄罗斯教统建筑。1714年，基督神化教堂落成典礼。1759年，基督神化教堂的画壁竣工。1764年，马利亚教堂竣工。

　　□主显圣容教堂　　主显圣容教堂外部由无数葱形小圆顶重叠而成，最高的尖顶高达37米，可以为湖上的船只导航。教堂内部空旷，大厅常被用来举行宗教集会。一般只在夏季使用。

奥涅加湖和基济岛

　　俄罗斯西北部卡累利阿共和国境内奥涅加湖中的岛屿。14世纪时为诺夫哥罗德至白海的重要商路，在16世纪中叶修建了斯帕斯克教堂，并在其附近发展起居民点。17世纪为防范瑞典和波兰入侵的关卡。1769～1771年叶卡捷琳娜二世在位期间，爆发几次重要的农民起义。现尤以其历史和建筑博物馆(1960年开放)闻名，保存并修复有早期木结构谷仓、房舍、风车磨坊和一些教堂作为露天博物馆的一部分。主显圣容教堂高37米，分为3层，有22个圆顶，可与莫斯科红场的圣巴西尔教堂媲美。圣拉扎鲁斯教堂(建于1390年)为卡累利阿共和国最古老的教堂，原在普多日地区，1961年移至此地重建。

基济岛的木造建筑

□**圣母教堂**　圣母教堂位于主显圣容教堂南侧。圣母教堂规模略小，中央圆顶高27米，另有8个葱形小圆顶。

　　□**八角形钟楼**　八角形钟楼位于主显圣容教堂和圣母教堂之间，外观朴素、简洁。现存建筑为1862年重建。

瑞典

总面积: 450 000 平方千米

人口
- 1 000 000 以上
- 100 000 以上
- 50 000 以上
- 10 000 以上

□ 甘梅鲁斯塔德的教堂村

(2) 塔努姆摩崖刻画

位于瑞典哥德堡。距今已有三千五百多年的历史，刻画内容非常广泛，涉及宗教、战争、耕种、狩猎等各种题材。刻画上的人物、动物栩栩如生，各种物品刻画精美，具有极高的艺术价值。(图为塔努姆摩崖刻画的人物)

□ 德罗特宁霍姆王宫

(3) 比尔卡和霍布高登的遗址

位于瑞典首都斯德哥尔摩以西约25千米处。比尔卡城坐落在比尔卡岛西北部，为瑞典最早的商业中心，霍布高登坐落在阿尔尔斯由岛，与比尔卡海隔海相望。霍布高登在1270年曾修建过砖石结构的宫殿，是皇家宫殿所在地。(图为霍布高登遗址)

(4) 斯考西斯希尔科高登森林墓地

位于瑞典首都斯德哥尔摩南部，面积0.96平方千米。其设计方案是在1915年为此专门举办的国际设计大赛中确定的，结果两名瑞典本土的建筑师获得一等奖。主要建筑有火葬场、祭堂、墓地等。(图为墓地的墓碑)

(5) 汉萨同盟都市维斯比

汉萨同盟都市维斯比位于瑞典哥得兰岛。维斯比的历史可以追溯到新石器时代，那时就有人类居住，后来发展成港口。公元10世纪，瑞典、丹麦、俄罗斯等国商人纷纷到这里进行贸易。1280年，为确保贸易安全，维斯比加入汉萨同盟。(图为都市维斯比的一处遗迹)

海拔
- 1000米
- 500米
- 200米
- 海平面

北

0 100千米
0 100英里

(1) 恩格尔斯巴利炼铁厂

位于瑞典首都斯德哥尔摩西北约130千米处。以德国炼铁专家恩格尔凯的名字命名。开业于1500年，1681年达到鼎盛期。19世纪，因英国人发明了酸性底吹转炉炼钢法，此炼铁厂濒于关门的境地。至今保存完好，记录了当时钢铁生产的现状，为人类历史留下了一份特殊的遗产。(图为恩格尔斯巴利炼铁厂厂房)

□拉普兰德

拉普兰德位于瑞典北部,在欧洲大陆北纬66°34′以北的北极圈内,西部与挪威、北部与芬兰接壤。考古发现表明,早在石器时代这里就有人类定居。这里既有瑞典的最高山峰,又有起伏的丘陵,无际的平原,广袤的云杉、松、桦树林,狭长曲折的湖泊,奔腾的河流以及瀑布和冰川,有典型的极地气候。面积达9400平方千米,包括4个国家公园、2个国家自然保护区。保护区内有平原和低山,多沼泽、湖泊、冰川地貌和裸露的波罗的海地质结晶岩。植物以松树、冷杉和苔藓为主,还有地衣苔原和稀疏的白桦林。野生动物有海狸、麋、棕熊、灵猫、猞猁、貂鼠、水獭、狼獾以及雷鸟、鹭、鱼鹰、松鸡、西伯利亚山雀等。保护区现用于对驯鹿、毛皮兽和鱼类进行研究。

保护区的鸟类

猞猁看起来和其他的猫科动物区别很大,尾巴很短,耳朵上有毛。猞猁有大而圆的爪子,这有助于它在雪地上行走。

拉普兰德云杉,狭长曲折的湖泊、奔腾的河流以及瀑布和冰川。

紫貂分布在西伯利亚，体长32～51厘米，尾长13～18厘米，体重1～2千克。以坚果、浆果、小动物为食。用一身长毛来抵御严寒。白天，紫貂的视力很差，但它的嗅觉非常灵敏，捕猎的时候主要靠鼻子。

驯鹿属偶蹄目，鹿科。是鹿中体形最大、最强壮的一种。躯干长3米，肩高2米，体重825千克左右。分布于欧亚大陆上的挪威、瑞典及俄罗斯北部广大地区。驯鹿属鹿科麋鹿属，包括7个亚种，如分布于欧洲北、东部的欧洲麋鹿。

海獭在动物中可算是很聪明的，因为它会借助工具达到自己的目的。海獭从海底下抓到一个贝壳，便想到用礁石把它砸开。

驼鹿分布于北半球最北部

瑞典北部的的棕熊是肉食性哺乳动物。体长约1.8米，尾巴极短，肩高80厘米，体重达230千克。呈黑色，也有棕、红、黄或淡黄色。善于爬树，喜四处漫游。生活在森林里，以果实、鹿、洄游的鱼为食。冬季在地洞里冬眠，雌性棕熊一胎可产2～4只小熊息。黑熊属食肉目熊科动物，此科包括5属7种。

水獭亦会捕食贝类、小型哺乳动物、水鸭子、多种鸟和蛙类。饮食习惯就如鼬科动物的其他成员一样，在开始进食之前，一定会尽量多地捕杀猎物，越多越好。

□德罗特宁霍姆王宫

德罗特宁霍姆王宫位于瑞典首都斯德哥尔摩西郊梅拉伦湖的罗宾岛，始建于1537年，是瑞典王国奠基人瓦萨国王为卡达莉娜王妃建造的，后被一场大火烧毁。现在的宫殿是1700年重建的。宽阔的台地、修剪整齐的花木丛、喷泉池中的青铜雕塑、长长的菩提树林阴道，将宫殿四周装点得庄重雅致。

□**建筑特色**　宫殿是法国巴洛克式风格，是北

这块著名的瑞典石碑高达7英尺，五个侧面共刻有800多个北欧文字。这些文字颂扬了公元9世纪一位名叫西奥瑞克的国王的高尚言行。

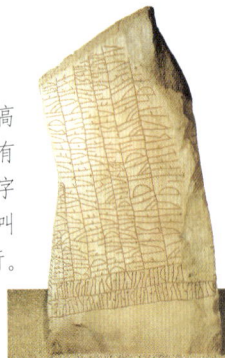

在黑斯廷斯战役中哈罗德被一名北欧士兵砍倒

公元7世纪维京时代的武士头盔

德罗特宁霍姆王宫

欧国家中最重要的巴洛克建筑和园林的代表，有北欧的凡尔赛宫之称。后来，1766年，宫殿旁又兴建了宫廷剧院——德罗特宁霍姆宫廷剧院，是歌剧演出和音乐会的重要场所，里边陈设的30件大道具、雷和波涛的拟声装置都是当初的物品。

德罗特宁霍姆王宫前的喷水池及王宫远景

瑞典国王古斯塔夫二世(17世纪绘画)

布在教堂的西侧和南侧。另一部分是在公元17世纪有规划地组织建设的,这些建筑风格与小木屋相同,位于教堂东侧。所不同的是规模更大,而且添置了居住所需的设备。

教堂内的十字架与祭台

□甘梅鲁斯塔德的教堂村

甘梅鲁斯塔德的教堂村位于瑞典北部。1340年,甘梅鲁斯塔德成了吕勒奥教区的中心。远道而来到甘梅鲁斯塔德参加宗教活动的教民因无法当日返回,就在教堂周围搭建住宿的小房子,久而久之形成了教堂村。

□**建筑特色** 甘梅鲁斯塔德的建筑一部分是在中世纪自然形成的,有424间小木屋。这些小木屋分

□别洛韦日国家公园和比亚沃耶扎国家公园

　　别洛韦日国家公园和比亚沃耶扎国家公园位于白俄罗斯西部和波兰东部，横跨白俄罗斯共和国和波兰共和国边境，面积930平方千米。白俄罗斯一侧的面积是波兰一侧的19倍。公园内人工建筑很少，维持着自然状态。树木88%是针叶和针阔叶混交林。公园最著名的动物是欧洲野牛。欧洲野牛在20世纪几乎绝迹，后经波兰从德国和瑞典买回两雌一雄放在公园里繁殖，到现今已有300多头。

啄木鸟

白俄罗斯

总面积：207 600 平方千米

人口

- ▣ 1 000 000 以上
- ◉ 500 000 以上
- ◎ 100 000 以上
- ⊙ 50 000 以上
- ● 10 000 以上
- ○ 10 000 以下

脱维
拉
俄
亚
立
陶
宛
波
兰
乌
克
兰
罗
斯

布拉斯拉夫　新波洛茨克　波洛茨克
维捷布斯克
帕斯塔维　赫利博卡耶
列佩利
拜亚霍姆尔
斯马洪　维叶伊卡　普利耶什查尼塔伊　奥尔沙
奥什米亚内　莫洛杰奇诺　霍尔基
若基诺　巴里索
莫吉廖夫
利达　季雅　明斯克
赫罗德纳　津斯克山 345　别列津诺　克里切夫
新格鲁多克　贝霍夫　切里科夫
沃尔科维斯克　尼亚斯维日　奥西波维奇　卡茨尤科维奇
巴拉诺维奇　夏什科齐　博布鲁伊斯克
斯洛尼姆　斯卢茨克　罗加乔夫
伊瓦采维奇　萨利霍尔斯克　日洛宾
普鲁扎内　比亚罗扎　斯维耶特拉戈尔斯克
科布林　卢尼涅茨　戈梅利
布列斯特　平斯克　日特卡维奇　列奇察　多布鲁什
达维德戈罗多克　莫济里　卡林卡维奇
叶利斯克　霍伊尼基

海拔
　200米
　100米

北

0　　　　100 千米
0　　　　100 英里

□别洛韦日国家公园和比亚沃耶扎国家公园

风景秀丽的自然景观

野生动植物世界

比亚沃维斯基：约600余种蘑菇，280种苔藓，400种本地维管植物，挪威云杉和黄华柳等28种乔木。8600种昆虫；鹤、黑鹳、雕及星鸦等249种鸟类；44种哺乳动物，有10种蝙蝠，还有野猪、驼鹿、欧洲野牛、猞猁、狼、狐狸、白鼬、鼬、水獭及海狸等。

野牛

乌克兰
总面积：603 700 平方千米

人口
- ▣ 1 000 000 以上
- ◉ 500 000 以上
- ◎ 100 000 以上
- ○ 50 000 以上
- ○ 10 000 以上

海拔
- 2000米
- 1000米
- 500米
- 200米
- 海平面

北

□基辅的圣索菲亚大教堂和
别切鲁斯卡娅大修道院

0　　　100千米
0　　　100英里

□基辅的圣索菲亚大教堂和别切鲁斯卡娅大修道院

　　基辅的圣索菲亚大教堂和别切鲁斯卡娅大修道院位于乌克兰首都基辅。圣索菲亚大教堂坐落在基辅市中心，是中世纪俄罗斯最重要的教堂，也是后来许多教堂兴建时的典范。别切鲁斯卡娅大修道院建于 11 世纪，是古代主要宗教中心和俄罗斯文化、编纂历史著述的中心，1990 年被列入世界遗产。

最令人惊叹的壁画《祈祷的圣母》，它是用300多万块、177种玻璃石制成。画面上的圣母像高5.5米。

□**圣索菲亚大教堂**　圣索菲亚大教堂建于1037年，是拜占廷风格的建筑。教堂平面为希腊十字形布局，外形以大小套叠的拱券为重要特征。大教堂用砖和石料砌成，面积2035平方米，内有宽敞庄严的长廊，有13个十字圆穹顶，上面贴着薄金片，圆柱和角柱上装饰着许多美丽的图案。教堂的壁画面积达3000平方米，最突出的是湿绘法的壁画和马赛克画。最令人惊叹的壁画是《祈祷的圣母》，用300多万块、177种玻璃石制成。画面上的圣母像高5.5米。大教堂西面是3座高达80米的塔楼，塔尖高耸，气势雄伟。

　　□**别切鲁斯卡娅大修道院**　别切鲁斯卡娅大修道院建于1051年。它的主体钟楼高96.5米。修道院内乌谢夫巴茨卡教堂装饰非常豪华气派，是18世纪乌克兰巴洛克式建筑的代表作之一。修道院的地下有通道、房屋、教堂、寺院和墓地等洞窟。许多修道士一生中的大部分时间是在地下洞窟内的单人房间内度过的。很多修道士死后就埋葬在洞窟内。

圣索菲亚大教堂

(4)比亚沃维耶扎国家公园

位于波兰东部边境地区，跨越白俄斯边境，是欧洲中部唯一幸存的大片原始森林。有5000年的历史。1932年正式定名，成为波兰第一个国家公园。公园风景秀丽，生态完整。公园哺乳动物有56种，鸟类有160多种。(图为比亚沃维耶扎国家公园)

□马尔堡历史地区条顿骑士团之城

□华沙历史中心

(1)托伦中世纪城市

位于波兰的威斯托拉城以东，临近维斯图拉河，为河港及铁路和公路连接点，文化中心；是著名天文学家哥白尼的故乡。始建于旧石器时代末期，最早的居民是威斯托拉沿岸的游民。1233年，这里开始建城(图为托伦中世纪城市的大饭店)。

波兰

总面积 312 683 平方千米

人口
回 1 000 000 以上
◎ 500 000 以上
◎ 100 000 以上
⊙ 50 000 以上

(2)奥斯维辛集中营

位于波兰南部，距首都华沙以南约240千米。第二次世界大战中，侵入波兰的德军接管了奥斯维辛附近的一座兵营，并把这里发展成为集中营。集中营设有毒气室、焚尸炉和6000伏高压的电网。当年欧洲约有30个国家的无辜平民被关进这里，遭受纳粹德国惨绝人寰的虐待和杀害。1945年3月，奥斯维辛获得解放。1946年建立了奥斯维辛殉难者博物馆，作为纳粹战争罪行的见证(图为奥斯维辛集中营的焚尸炉)。

□克拉科夫历史中心

□扎莫希奇的老街

(3)维利奇卡盐矿

位于波兰南部的克拉科夫州。是一座具有700多年历史的盐坑。盐矿开采于公元13世纪，约1/3的波兰财政收入来源于这座盐矿。维利奇卡盐矿的主要建筑有欣雅公主礼拜堂和结核病疗养院。(图为维利奇卡盐矿的盐雕小教堂)

海拔
1000米
500米
200米
海平面

北

0 100千米
0 100英里

□克拉科夫历史中心

克拉科夫历史中心位于波兰南部的克拉科夫州，距华沙约 250 千米。该城有 1000 年的历史，比华沙约早 600 年，是在公元 700 年左右由克拉科斯建立的。10 世纪就已经是一个相当重要的城市居民点和主教团的中心。公元 11 世纪以后的 600 年间，克拉科夫一直是波兰首都，相当繁荣。公元 17 世纪初，波兰首都迁往华沙，但大多数国王的加冕仪式和葬礼仍在克拉科夫城内的克拉科夫大教堂举行。有 12 所高等院校、22 所博物馆，还有剧院和音乐厅。著名的雅盖隆大学是培养伟大的天文学家哥白尼的大学。克拉科夫名胜古迹众多，约有 60 多所教堂，最著名的是瓦韦尔宫、瓦韦尔宫大教堂、耶稣会教堂和圣玛利亚教堂。

□**瓦韦尔宫**　瓦韦尔宫建于 14 世纪中叶，后经过两次扩建。议会大厅的天花板由 194 个木刻人头雕像装饰而成，形象逼真，栩栩如生。墙上还有近 200 幅美丽精致的壁毯。

□**瓦韦尔宫大教堂**　瓦韦尔宫大教堂是哥特式建筑，内有两个国王的雕像和耶稣受难像。

□**耶稣会教堂**　耶稣会教堂是巴洛克式，外形宏伟壮丽，内部装饰五彩缤纷。

□**圣玛利亚教堂**　圣玛利亚教堂是哥特式建筑，顶部有高耸入云的双塔，塔尖镶嵌着金色的王冠，内部陈设丰富。

□**中央广场**　克拉科夫老街的中央广场，号称"欧洲第一大广场"。漫长的历史中，这里一直是克拉科夫的经济活动中心。

波兰克拉科夫市中心的雷涅克格罗尼广场，古代曾是大型市场。

波兰克拉科夫的瓦韦尔教堂,建于14世纪,是重要的名胜古迹。

克拉科夫的耶稣会教堂的拱顶,绘有彩画。

□华沙历史中心

华沙历史中心位于波兰首都华沙市。始建于公元13世纪,当时是一个市镇。1596年,波兰国王齐格蒙特三世定居华沙。1611年,华沙正式成为波兰首都。公元17世纪,黑死病流行、匈牙利侵略、贵族叛乱、瑞典国入侵等灾难,使华沙成为废墟。公元19世纪被俄国人占领,时间长达100年之久。这期间华沙建造了大剧场、波兰银行、贝尔维迪尔宫殿等许多建筑。但第二次世界大战中,华沙又成为瓦砾。二战结束之后,华沙得以重建。

□华沙王宫城堡　位于华沙古城城堡广场东侧,临近维斯瓦河畔,平面呈五边形。建筑雄伟,环境优美。华沙王宫建筑是哥特式和文艺复兴式的。1596年首都由克拉科夫迁至华沙后,齐格蒙特三世不惜巨资,按巴洛克建筑艺术扩建王宫,并购买了大批名画,聘请了许多意大利名画家,在王宫建立了画廊,使王宫成为全国的艺术中心。但是,这些艺术珍品大多在瑞典入侵(1655年)时被战火焚毁。1944年,王宫被纳粹分子炸毁,1971年起又按原样重建。

□齐格蒙特·瓦萨三世纪念柱　位于华沙古城的城堡广场,是华沙古老的纪念性建筑,与美人鱼一起构成华沙城徽,由齐格蒙特三世之子瓦迪斯瓦夫四世在1644年下令铸造。该建筑物1944年被毁,1949年重建。青铜铸建的齐格蒙特三世塑像仁立在

波兰克拉科夫的圣玛利亚教堂祭台
装饰屏上的浮雕(1477～1486年)

克拉科夫旧城

12至17世纪时波兰的首都,13世纪时的中世纪城市及其14世纪时的防御工事遗址;瓦韦尔大教堂为波兰国王们的加冕之地及陵墓,波兰民族英雄科丘什科(1746～1817年)也安葬于此;哥特风格的玛利亚教堂、中世纪最大的集市广场。

圣约翰教堂前的广场

红色花岗石圆柱上，柱高22米，柱基有漩涡花纹装饰的铜板，上面刻有皇室人员的姓名、头衔和颂词以及纪念碑建造者的名字。

□**维拉努夫宫** 波兰国王夏宫，坐落于首都华沙近郊的维拉努夫，是一组造型别致、雕琢精美的巴洛克式建筑群。最初为一庄园，1677～1696年间，被国王约翰三世索别斯基购买，命意大利建筑师修建。18世纪归伊·卢博米乐斯卡公主所有。1805年，宫内创建了波兰第一个博物馆和图书馆，并在其周围扩建法国式公园。纳粹占领期间文物被盗，公园及园内建筑被毁。1955～1965年重建。

□**圣约翰教堂** 位于古城的市场广场。系华沙最古老的教堂。初建于13世纪至14世纪之交，1836～1842年改建为哥特式教堂。1944年，德国法西斯坦克两次侵犯教堂，堂内的艺术珍品也因此遭焚毁。1966年重建，恢复原有风格。整个建筑呈红色。入口处左侧的穹顶下，有多座墓碑和石棺，其中包括：玛佐维亚的历任大公，1905年诺贝尔奖金获得者、名作家显克微支和波兰共和国第一任总统鲁托维奇的石棺。右侧有纪念纳粹占领期间逝世的牧师以及为国牺牲的妇女的铜质金属牌和国会议长玛拉恰夫的

纪念碑。

□**圣十字教堂** 位于首都华沙克夫大街，建于1679～1696年。1944年被毁，1946～1953年重建。教堂正门双塔高耸，内部陈设丰富。进口处的黑色花岗石座上有1858年雕刻的基督像。1696年建造、带有铁制花窗格的布道坛和巴洛克式大理石洗礼盘是教堂保存至今的珍物。此外，还有1699年建造的巴洛克式祭坛的复制品和教堂的创建者、大主教拉杰约夫斯基的墓碑。大作曲家、钢琴家肖邦和著名小说家莱蒙特的心脏安葬在教堂内。

华沙——肖邦的故居

肖邦的故居位于距华沙约50千米的西郊热拉瓦佐瓦沃拉。这所住宅四周花草繁生，园内的许多奇花异木是自1849年肖邦去世后的近100年中，许多国家为了表示对这位艺术大师的敬慕，特地将本国的珍贵树木送来，在这里辟地种植的。渥特拉河缓缓地从庭园流过。在这座低矮的农舍般的房子里，陈列着肖邦弹奏过的古钢琴、钢琴等。现在每逢春秋，都要在这里举办音乐会，演奏肖邦的作品。

华沙历史中心

扎莫希奇的老街

□扎莫希奇的老街

扎莫希奇的老街位于波兰东南部的扎莫希奇。距首都华沙东南约220千米。原为波兰大臣扎莫伊斯基的庄园。1578年由建筑师莫兰多完成城市规划，1580年建市。至今仍为坐标方格式城市设计的典范。分为东、西两个区。西区是贵族居住地，东区是平民居住地和商业区。老街的主要建筑有扎莫希奇大学、市政府等。

□**扎莫希奇大学**　扎莫希奇大学建于1595年，仿照意大利文艺复兴时期的样式，是当地的文化中心。

□**市政府**　市政府建于1600年，位于扎莫希奇广场。上有钟塔。钟塔的塔顶呈八角形，1770年前后改成巴洛克风格的圆顶。

□马尔堡历史地区条顿骑士团城

马尔堡历史地区条顿骑士团城位于波兰北部埃尔布隆格省城市。马尔堡德语称马林堡。1236年条顿骑士团在此筑城堡，1276年设市。13～15世纪，马尔堡是欧洲最强大的城堡之一。1457年归属波兰，1772年为普鲁士并吞，1920年为德国占有。第二次世界大战后归还波兰。是欧洲中世纪最大的城堡。

1457年前，一直是条顿骑士团的首都。现存有条顿骑士团城堡市政厅、断墙和教堂等几处建筑遗址。

□**德意志宗教骑士团** 14～15世纪德意志宗教骑士团的所在地(1226～1410年)。骑士团首领由天主教教团最高神职人员选出，五大总管辅助执政。这个驻地，是中世纪杰出的砖构城堡的典范。

1190年，作为护理病人的兄弟会，德意志兄弟骑士团在阿孔成立。1209～1239年，在骑士团首领赫尔曼·冯·萨尔查策划下，皇帝颁给"金玺诏书"。1226年普鲁士归萨尔查统治。1237年，德意志宗教骑士团与圣剑兄弟骑士团联合。1351～1382年，在温利希·冯·克尼帕罗领导下，骑士团发展为骑士团国家。1410年，骑士团国家开始衰亡。1454年，"普鲁士同盟"反对骑士团的统治。1466年第二次托尔恩和约，波莫瑞、库尔姆兰、埃尔姆兰和马利亚堡与波兰合并。

12世纪末，在巴勒斯坦的阿孔成立的德意志骑士团，它的原名是"条顿人和伊罗索利米坦人的圣马利亚医院的兄弟骑士团"；德意志骑士团在政治上的升迁，要感谢神圣罗马帝国的皇帝弗里德里希二世。在反对异教的普鲁士的军事援助方面，皇帝保证给他们持续的、政治上的自决权。教皇利高里四世称，他将收复被骑士团骑士掠夺去的、已被教会占用的土地。但是，他自己成为一个政治上依赖助手的马索维恩公爵，他的力量在以后变得太弱，不能抵抗骑士们从库尔姆兰不断地扩张地盘，这样经历了几百年风雨沧桑。

从诺加河的河面眺望马利亚堡，可以领略整个城堡群宏伟的气势。马利亚堡被认为是欧洲中世纪最宏伟的修道院城堡。

(1)勒杜尼策及伯卢契策的文化景观

位于捷克的摩拉维亚。13世纪中叶，列支敦士登家族把摩拉维亚南端的勒杜尼策和伯卢契策据为自己的领地。后来，两地又和布热茨拉夫的土地合并，形成今天的规模。(图为伯卢契策宫殿)

(4)特尔奇历史中心

位于捷克的摩拉维亚，距首都布拉格东南约120千米，始建于公元12世纪。1530年的一场大火，几乎将城市烧为灰烬，后来市民又同心协力重建城市。(图为特尔奇历史中心中央广场)

(5)库特纳霍拉的朝拜教堂

位于捷克的摩拉维亚，距首都布拉格东南约120千米。始建于公元18世纪初，融和了新哥特式和巴洛克式风格的精华。(图为库特纳霍拉的朝拜教堂)

捷 克

总面积：78 864 平方千米

人 口

◉ 1 000 000 以上
◎ 500 000 以上
◎ 100 000 以上
◎ 50 000 以上
● 10 000 以上
○ 10 000 以下

□布拉格历史中心

(2)泽莱霍拉地区内波姆克的巡礼教堂

位于捷克南部，临近摩拉维亚的孜达和萨扎乌。18世纪初，为纪念内波姆克的圣约翰而建。(图为巡礼教堂外貌)

(3)克龙洛夫历史中心

位于捷克南部，距首都布拉格约140千米。它的历史可以追溯到公元3世纪。这座位于多瑙河畔的名城，空气清新，景色秀丽，再加上独具特色的建筑，吸引了当时许多艺术家。(图为克龙洛夫历史中心)

□布拉格历史中心

布拉格历史中心位于捷克首都布拉格市中心的一座山岗之上。始建于公元 880 年左右，当时在伏尔塔瓦河左岸建造了城堡；公元 900 年，又在右岸建立了比休弗拉特城。这样，布拉格城市面积由 2 平方千米扩大到 33.2 平方千米，开始成为中欧第一大都市。公元 14 世纪成为中欧政治、经济和文化中心。布拉格

历史中心有许多教堂，在这座位于伏尔塔瓦河畔的城市，曾首演人称"歌剧之王"的音乐天才莫扎特的《唐璜》。众多的文学家，如卡夫卡，以多种形式记述了自己对这座金色城市的回忆。来自吕贝克的诺贝尔文学奖得主托马斯·曼表示"很高兴重游此地"，并称"这座城市的建筑魅力在世界所有城市中堪称绝无仅有"。克莱门梯依校园令人想起当年耶稣会在布拉格的巨大影响。这个组织是 16 世纪中叶为对抗宗教改革运动而进入布拉格的，校内有皇帝查理四世 1348 年创办的中欧第一所大学的遗址。

□建筑特色　布拉格的建筑对各个时期的风格均有体现，有罗马式、哥特式、巴洛克式，还有文艺复兴式。这些建筑风格主要体现在各个教堂的建设上。

□圣尼古拉教堂　圣尼古拉教堂是典型的巴洛克风格。

布拉格市的天文古钟，挂在市政厅钟架，制于 15 世纪，19 世纪最终完成。

布拉格市广场

布拉格老市政厅中的穆哈厅，其中的壁画由捷克著名画家穆哈绘制。

□**圣乔治教堂** 圣乔治教堂坐落在圣维特教堂的东面，呈长方形，建于10世纪，是古老的罗马式教堂。

□**故宫** 故宫是16世纪捷克国王的王宫。宫殿先是洛可可式风格，后又改建为哥特式。它是国王举行加冕礼的地方。

□**查理大学** 查理大学建于1348年，是以查理四世的名字命名的，是城堡中最古老的建筑。

□**查尔斯桥** 查尔斯桥和布拉格城堡已经成为该市的象征。历史可追溯到10世纪。当时这座木桥可能被中欧第二古老的石桥——茱蒂特桥所取代。但在茱蒂特桥被一场火摧毁之后，查尔斯四世命令他的教堂建筑师彼得·帕勤进行桥梁的兴建工作。而在7月9日土星与太阳结合的那天置放基石，当然也不纯属巧合。那个时期，在作出重大决定时，他都会咨询天文学家的意见，而这天即被认为是良辰吉日。不论是什么原因，这座有600年历史的建筑物都令人心生钦佩。桥上主要的巴洛克式雕像是在17世纪末时雕制的。

跨越伏尔塔瓦河的旧城

布拉格市哈拉德坎尼城堡(布拉格城堡),远处中间哥特式尖塔是圣维特大教堂,右边白色钟楼是圣乔治大教堂,左边近的是圣尼古拉教堂。

布拉格市伏尔塔瓦河上的查尔斯大桥的桥头堡

查尔斯四世1348年4月7日颁发兴建许可,把基石放于布拉格的查尔斯桥。

捷克南部泰尔奇市的大广场

布拉格圣维特大教堂的日出

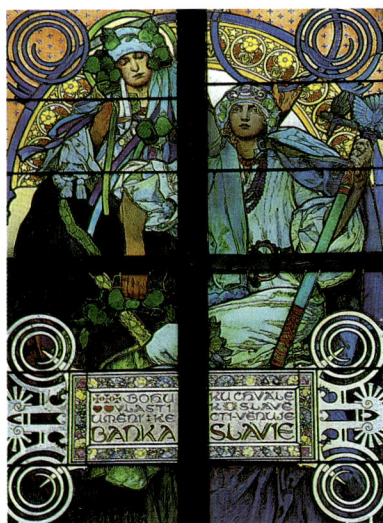

布拉格市圣维特大教堂的彩绘玻璃窗，由捷克画家穆哈绘制。

圣维特大教堂

　　圣维特大教堂是教堂区的核心，它坐落在布拉格城堡中间。始建于1344年。教堂顶尖高97米，长60米，宽12米，是城堡内最高的建筑，为典型的罗马式建筑风格。教堂的外表装饰着各种花纹图案，雕刻细腻，造型美妙。教堂内收藏着捷克国王14世纪以来的王冠和权杖。教堂的地下是一座安放波希米亚王遗体的灵堂。

布拉格市哈拉德坎尼城堡(布拉格城堡)，远处白色钟塔是圣乔治大教堂，左边的哥特式尖塔是圣维特大教堂。

卡夫卡和菲莉丝·布尔

布拉格市内鲁达街，有一条中世纪城市的狭窄街道，沿街的官殿和民居属于巴洛克时期艺术。

布拉格幻想小说作家卡夫卡

　　卡夫卡(1883～1924年)，捷克表现主义作家。在他死后发表的作品，尤其是《审判》(1925年)和《城堡》(1926年)，表达了20世纪的人的焦虑和异化。代表作中篇小说《判决》(1912年)、《变形记》(1915年)、《在苦役营》(1919年)以及短篇小说集《乡村医生》(1919年)。《饥饿艺术家》(1924年)和《美国》(1927年)及短篇小说集《中国长城》(1931年)，展示出作者晚期精细、清澄的风格特色。1945年后，卡夫卡在德国和奥地利被重新发现，由是对德语文学的影响日增。60年代，这一影响扩大到社会主义捷克斯洛伐克的知识界、文学界和政界的生活中。

布拉格市伏尔塔瓦河上的查理大桥

(1)帕农哈尔马修道院和自然景观

帕农哈尔马修道院和自然景观位于匈牙利首都布达佩斯以西约90千米处。修道院始建于公元10世纪，公元12世纪初毁于一场大火，之后得以重新修建。到公元16世纪，修道院被作为防御要塞而失去了应有的作用，以至于在18世纪末被迫关闭。1802年重新开放。帕农哈尔马修道院最初为罗马式建筑，公元13世纪重建时改为哥特式建筑。有彩色的拱肋和造型独特的修道士单间，图书馆藏书约40万册。是匈牙利修道院中具有代表性的作品。帕农哈尔马修道院周围的自然景观随着修道院的重新修建而显出融洽和谐的氛围，依山斜坡遍植树木，如今是一片广阔茂盛的景象。修道院附属的植物园里，生长着许多当地特有的珍贵植物。(图为帕农哈尔马修道院图书馆)

(2)奥格泰莱克与斯洛伐克的喀斯特高地

位于匈牙利北部和斯洛伐克东南部，面积558平方千米。匈牙利和斯洛伐克分别建立了"奥格泰莱克喀斯特国家公园"和"斯洛伐克喀斯特景观保护区"，以保护这里的自然景观。喀斯特，又称岩溶。是地下水对可溶性石灰岩溶蚀的结果。(图为巴拉德拉洞群内的钟乳石)

(3)霍洛科传统村落

霍洛科传统村落位于匈牙利诺格拉德地区，距首都布达佩斯东北约100千米。村中心地带和城堡遗址是霍洛科村人的聚居地区。他们以传统的编织、刺绣、木雕和华丽的农民服装著称。霍洛科传统村落历史悠久，古朴典雅。至今霍洛科村人仍按照传统方式建造房屋。他们用泥和稻草混合建成墙壁，再用石灰把墙壁涂白。(图为霍洛科传统村落)

匈牙利

总面积：93 031 平方千米

人口

- ⊡ 1 000 000 以上
- ◉ 500 000 以上
- ◎ 100 000 以上
- ⊙ 50 000 以上
- • 10 000 以上

□ **布达佩斯、布达佩斯多瑙河沿岸**

海拔
500 米
200 米
80 米

北

0   50 千米

0   50 英里

□布达佩斯、布达佩斯多瑙河沿岸

　　布达佩斯是匈牙利首都,位于多瑙河两岸。市容整洁,建筑独特。它是匈牙利的政治、经济、文化和交通中心,拥有政府机关和议会中心,也拥有繁华的商业区和工业区。布达、佩斯原是隔河相望的两个城市,1872年,布达与佩斯加上城堡山以北的老布达合并为布达佩斯。布达城历史悠久,早在2000多年以前,凯尔特人已在此定居。公元1世纪初,古罗马军队在此驻屯。佩斯城始建于公元3世纪初。1361年布达成为匈牙利都城。1541年起,土耳其统治布达与佩斯达150年之久。城多次被毁。在两次世界大战中,布达佩斯遭到极大破坏。布达依山建城,

马加什国王扩张并巩固了匈牙利,但是继他的统治之后是200年的战争,国土也被土耳其人占领了(马加什国王统治时期,圣玛利亚大教堂得以扩建和装饰一新)。

多瑙河河畔的国会大厦

群山环抱，主要有城堡山、盖莱尔特山和玫瑰山等，还有700多年历史的圣玛利亚教堂、造型别致的渔人堡。匈牙利末代皇帝和摄政王霍尔蒂住过的巴洛克式华丽皇宫，现已辟为博物馆。国会大厦为一哥特式宫殿，风格独特，巍峨壮丽，为布达城的著名建筑。河东的佩斯是全国行政和工商业中心，平坦广阔，街道笔直。小林阴道环绕的"内城"，是老佩斯的中心。圣伊斯特万王宫是内城最高、最有纪念意义的建筑(1987年被列入世界遗产)。

挂在格得勒行宫里的弗兰西斯·约瑟夫国王和伊丽莎白女王(即茜茜公主)画像。

多瑙河河畔的国会大厦(上图为远景，下图为近景)

□**布达皇宫**　匈牙利王宫。位于首都布达佩斯、布达城堡区南端。13世纪后期由贝拉四世创建，后

代君王屡加扩展，马加什在位时(1458～1490年)建筑规模达到高峰。15世纪末成为欧洲最辉煌的王宫之一。现在的皇宫面积占城堡区的1/3。建筑群富丽堂皇，展示了匈牙利的悠久历史和建筑特色，其中有哥特式大殿、伊斯特万塔、皇宫小教堂等。宫内有马加什王喷泉，塑有马加什猎装像和他的幸臣塞普·伊化伽像。皇宫东翼有城堡博物馆，即布达佩斯历史博物馆。皇宫南还有哥特式门塔和直径40米的文艺复兴式大圆堡等古建筑。

□**渔人堡** 位于布达佩斯城堡山东端，因建在中世纪渔业市场和渔村的遗址上而得名。1901～1903年由建筑师舒勒克所建，为新罗马式和新哥特式的混合建筑风格。塔楼高耸，石阶盘旋，回廊复道，造型别致优美，富有浪漫主义色彩。从城堡山脚，循迂回小道攀登可达一座白石教堂，堡内庭院中耸立着匈牙利第一个国王伊斯特万的骑马塑像。高大的圆塔是渔人堡最高点，与雄伟壮观的国会大厦隔多

布达佩斯多瑙河上大桥两端的石狮雕塑，远处是渔人堡。

瑙河遥遥相望。从渔人堡可俯瞰首都全景。

□**圣玛利亚教堂** 匈牙利最古老的建筑之一。位于首都布达城堡山，与渔人堡相邻。13世纪中叶由贝拉四世(1235～1270年)创建，1470年马加什国王重建，因而也称马加什教堂。许多国王在此举行加冕礼，故又称加冕教堂。1867年，著名音乐家李斯特在这里创作了《加冕曲》。现今，它是一座哥特式建筑，在穹形尖顶的西大门两侧有一高一低、不对称的两座锥形尖塔，其中带有彩石花纹的哥特式南塔，高达80米，是教堂外观最美丽的部分，塔面至今可看到马加什国王的盾形纹章；另一个是又矮又粗的贝拉塔，带有4个角楼。教堂南面的玛利亚门额上有描述圣母升天的14世纪浮雕。教堂内部壁画描绘了圣徒们的故事。其北厢的小礼拜堂内存放有从塞克什白堡迁来的贝拉三世(1172～1196年)和王后的石棺及其王冠、权杖、十字架指环等物。圣坛附近地下室中有古代石刻和其他珍贵文物。教堂前耸立着一座八角形石塔，雕刻精巧。

□**国会大厦** 位于匈牙利首都布达佩斯一侧的科苏特广场，紧依多瑙河。1880～1902年由匈牙利建筑师泰因德尔·伊姆雷设计建造，为一座新哥特式圆顶宫殿，也是欧洲罕见的古典建筑之一。巍峨壮丽，金碧辉煌。全长268米，最宽处123米，中央圆顶高达96米。周围有两个大哥特式尖塔和22个小哥特式尖塔。在各梁托之间，有匈牙利国王、名将和战士的88个雕像和242个表现民族寓言故事的雕像，极尽繁雕华饰之能事。进口处铜狮分列，内部装饰富丽堂皇。描绘法兰西什·约瑟夫加冕和科苏

多瑙河中游平原区的国王城堡

1247～1265年，在布达城堡山顶建造国王城堡。1255～1269年，在布达城堡建造马蒂亚斯教堂。1308年，卡尔一世正式加冕，成为匈牙利国王。1347年，宫廷国家从维塞格拉德迁至布达。1387～1437年，卢森堡的西格蒙特成为匈牙利国王。1468年，佩斯城成为国王的自由城。1545～1686年布达被土耳其入侵者占领。1703年，布达和佩斯城都成为自由城。1873年，布达城、奥布达城和佩斯城，三城合并为布达佩斯。1899～1905年建造渔人堡。成为欧洲风景最秀丽的城市。在西部，布达高地有茂密的树林，在下面的山谷里，有圆形露天剧场、古罗马公共温泉浴场，表明这里曾经是古罗马军团的仓库和城市，曾有过高雅奢华的旅馆、咖啡屋及音乐厅传出美妙动听的乐曲。这里有哥特式和巴洛克风格的古典建筑群。这些精美绝伦的古典建筑不仅经受了土耳其的占领和第二次世界大战的蹂躏，而且也经历了卡尔王朝，以及共产主义思想的传播。

特宣布共和国成立的大幅壁画，是历史性艺术品。中央大厅为接见厅。整座大厦包括10个庭院、27座门和29个梯间，还有风格、装饰多样的115个厅室。这里单是镀金所用的黄金即达40千克之巨。大厦现为国民议会所在地。

上图为耸立在布达山上壮丽的圣玛丽亚教堂，后通称为马加什教堂。下图为布达佩斯。

□**圣伊斯特万大教堂** 匈牙利最大教堂之一。位于布达佩斯的鲍伊·日林斯基大街,临多瑙河。建立在匈牙利第一个国王伊斯特万的王宫地基上,又称佩斯王宫。始建于1851年,1905年完成,历时半个多世纪,系新文艺复兴式,面积达4147平方米,可容8500人。教堂有一圆顶大厅和两座尖塔。圆顶毁于战争,1948~1949年重建,高达96米,是布达佩斯最高大的圆顶建筑。教堂内雕梁画栋,装饰富丽。前厅入口处为一凯旋门式圆拱,门楣正中是圣母和匈牙利圣徒的浮雕,门墙上有伊斯特万的大理石胸像和镶嵌画,圆顶大厅有4座匈牙利圣徒的雕像。圆顶上的镶嵌图案,色彩绚丽夺目。主圣坛上有伊斯特万塑像,周围另有5座青铜浮雕,描绘了伊斯特万的生平。

布达佩斯的渔人堡局部

(1)朗梅尔斯贝尔克银矿和古都戈斯拉尔

位于德国中部的下萨克森州。朗梅尔斯贝尔克银矿于公元968年开始挖掘。矿山有许多建筑反映了当时的文化特色。古都戈斯拉尔建于922年，以保护在朗梅尔斯贝尔克发现的银矿。(图为朗梅尔斯贝尔克银矿厂房)

□汉堡

德国

总面积：357 020 平方千米

人口
◎ 1000 000 以上
◉ 500 000 以上
◎ 100 000 以上
● 10 000 以上

(2)布吕尔的奥古斯都堡和"谐趣园"城堡

位于德国的威斯特法伦州布吕尔城。1740年科隆亲王克莱门特·奥古斯都选择在这里建筑宫殿。"谐趣园"城堡建于1729年，1736年建成。为洛可可式风格，端庄华丽。(图为奥古斯都堡)

(3)米塞尔化石保护区

位于德国的黑森州，距法兰克福以南约20千米，方圆70万平方米。它的历史可以追溯到5300万年前～3700万年前。在米塞尔湖边栖息着许多鸟类和哺乳类动物，但后来湖被淤泥填满，将植物和动物埋葬在淤泥中，使一些动物骨骼最终成为化石。(图为鸟类化石)

□科隆大教堂

□亚琛大教堂

(4)洛尔施的修道院

位于德国的黑森州，距法兰克福以南约50千米，公元764年开始兴建。洛尔施修道院的正殿呈长方形，并建有圣堂。圣堂的圣遗物箱中即安放着那扎流斯的遗骨。

(5)特里尔的罗马式建筑、大教堂、圣玛利亚大教堂

位于德国西部的特里尔。特里尔城约建于公元前15年。特里尔现存许多罗马时期的建筑遗迹，有约公元500年造的圆形露天剧场，4世纪的筑有防御工事的城门，罗马浴池遗迹和大教堂等。(图为筑有防御工事的城门)

□海德堡

(6)斯皮雷大教堂

位于德国西南部的斯皮雷市，始建于1030年，是罗马式三廊教堂。教堂呈长方形，长30米，进深133米。顶棚为半圆筒状穹隆，教堂的地下祭室是皇家墓地，康拉德二世、鲁道夫一世等都安葬在这里。

(7)马鲁布隆修道院

位于德国西南部的巴登－符腾堡州。马鲁布隆修道院建于1147年，有教堂、住所、5座塔楼、制面厂等50多幢建筑，已具备一个村庄的规模。1556年后，它逐渐演变成一座著名的神学院，培养出许多德国著名文学家。

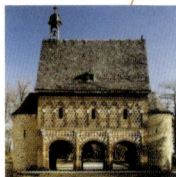

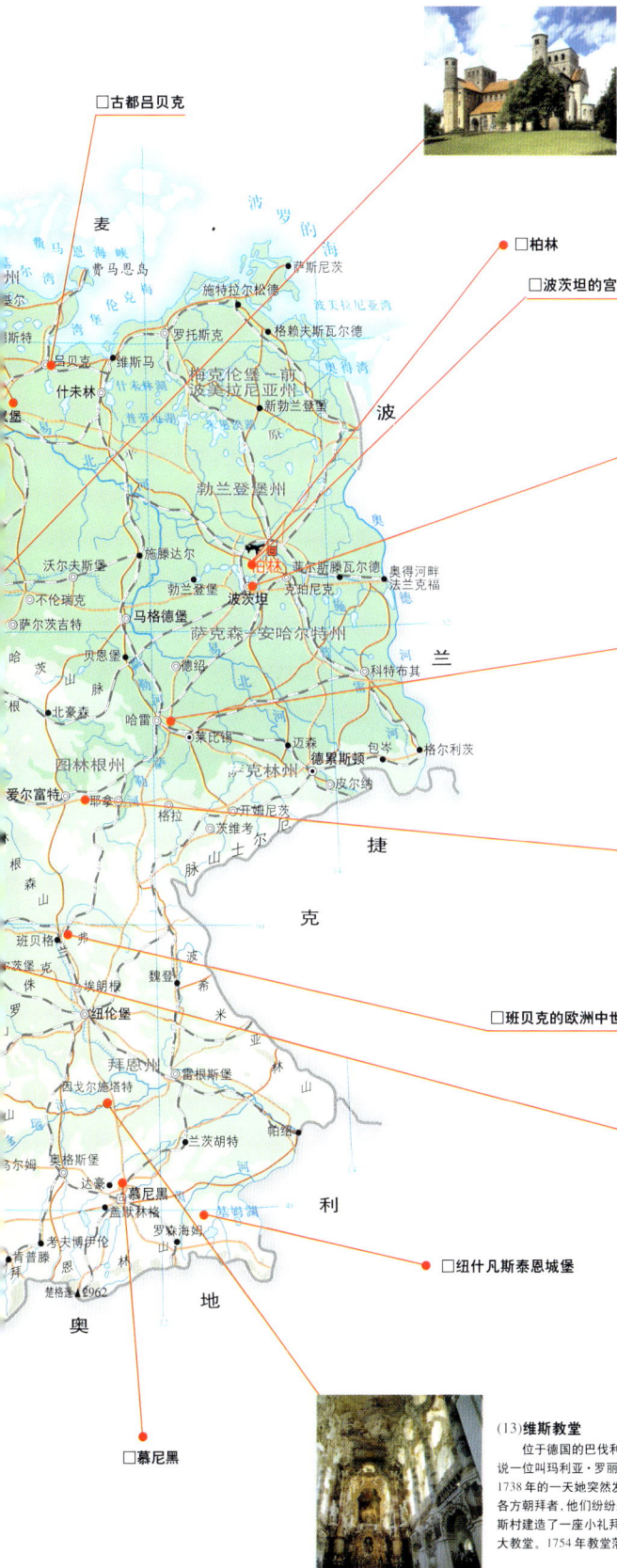

(8)希尔德斯海姆的大教堂和圣米迦勒教堂

位于德国中部。希尔德斯海姆大教堂建于公元815年，圣米迦勒教堂建于公元1022年。圣米迦勒教堂为西欧著名宗教建筑之一。(图为圣米迦勒教堂)

□古都吕贝克

□柏林

□波茨坦的宫殿和庭院

(9)奎德林堡老街

位于德国中部萨克森－安哈尔特州，临近博德河。922年亨利一世在此建城堡，后为萨克森各代皇宫的离宫。奎德林堡针对不同的居民建有双重的马克特广场。教会、市政厅，甚至市长也由两个人分别担任。(图为奎德林堡)

(10)埃斯勒本和维滕堡的路德纪念建筑群

位于德国的埃斯勒本，距首都柏林西南约80千米。埃斯勒本的纪念建筑主要是马丁·路德生活过的住宅。维滕堡的纪念建筑主要是圣玛利亚教堂和大学附属教堂及阿乌右斯提诺修道院。(图为路德时期德国的建筑及维滕堡市政厅前的路德纪念像)

(11)魏玛和德绍的住宅建筑研究所

位于德国的图林根州和合勒专区。住宅研究所是专供建筑家们进行巨型实验的场地，建筑家们可在这里尝试用各种不同的建筑材料建筑新型结构的住宅，然后全面推广。在魏玛有1923年展出的用水泥建筑的正方形的单门独院住宅，在德绍有用矿渣制作的水泥板和水泥梁建造的连株式住宅。1996年被列入世界遗产。(图为德国魏玛时期创建的包豪斯设计学院)

□班贝克的欧洲中世纪都市遗迹

(12)维尔茨堡宫、宫廷花园和广场

位于德国中部的维尔茨堡，临近美因河。维尔茨堡原为凯尔特人居住点，704年首见记载。741年或742年建立主教管区。为几届帝国议会和会议的所在地。1802年或1803年归属巴伐利亚。1821年建新主教管区。(图为维尔茨堡宫的壁画穹顶)

海拔

2000米
1000米
500米
200米
海平面

北

□纽什凡斯泰恩城堡

(13)维斯教堂

位于德国的巴伐利亚州，距慕尼黑西南约70千米。据说一位叫玛利亚·罗丽的村妇，1734年请回一尊耶稣木雕。1738年的一天她突然发现耶稣流下了泪水。此消息惊动了各方朝拜者，他们纷纷来到维斯村朝拜耶稣，于是人们在维斯村造了一座小礼拜堂。1746年10月，又开始建造维斯大教堂。1754年教堂落成。(图为维斯教堂内部)

□慕尼黑

0   100千米
0   100 英里

亚琛大教堂

瓷砖装饰。时至今日，它仍然散发着诱人的光彩。

□**圣玛利亚教堂** 圣玛利亚教堂位于市政厅的北侧，两座尖塔高耸入云，形成它独特的风格。

□**霍尔斯腾特尔城门** 霍尔斯腾特尔城门建于1464年，城门上有两座塔，圆锥形的塔顶使它看起来庄重而古朴，是吕贝克的象征。

神圣罗马帝国皇帝马克西米连凯旋时各公国代表前去迎接(962年奥托一世建立了神圣罗马帝国)。

□亚琛大教堂

亚琛大教堂位于德国西部的亚琛，又名巴拉丁礼拜堂。建于公元8世纪。当时查理曼大帝为了显示他与罗马帝国皇帝的平等地位，而把亚琛作为第二个罗马，建造了亚琛大教堂。是现存加洛林王朝建筑艺术最重要的范例。805年定为主教教堂。814年，查理曼大帝的遗体葬在亚琛大教堂。墓上有石板墓铭，上方悬有红胡子腓特烈一世于1168年所献的青铜枝形吊灯。在哥特时期，教堂又增添了唱诗班席、若干个小礼拜堂和门厅，成为阿尔卑斯山以北著名的朝圣地。

□古都吕贝克

古都吕贝克位于德国东北部，距汉堡东北约60千米。坐落在河中的小沙洲上，被人称作"迷人的地方"。吕贝克的历史可以追溯到公元12世纪初，当时吕贝克的领主海因里希同意建城设市。随着城市的建设和发展，吕贝克由皇帝直接管辖的城市，逐步演变成自由都市，实行完全自治。它的商业也越来越繁荣，成为商业中心。

□**建筑特色** 吕贝克作为古都，有许多古老而美丽的建筑。有哥特式圣玛利亚教堂(13～14世纪)、罗马风格大教堂(始建于1173年)，哥特式结合文艺复兴式的旧市政厅以及中世纪城堡、城门等，这些建筑展现着它昔日的文明和辉煌。

□**市政厅** 市政厅建在中心街区，建于13～15世纪。正面是文艺复兴式，其余为哥特式，用彩色

拜占廷式和法兰克式的精髓

亚琛大教堂是一座八角形的建筑物，融合了拜占廷式和法兰克式风格，它的内部结构以日耳曼式圆拱顶为主要特色，用色彩斑斓的石头砌成。礼拜堂高达39米，在许多世纪中一直是德国的最高建筑。内部以古典式圆柱为装饰，存有查理曼大帝的大理石宝座、金圣物箱。西侧新建的塔内还存有圣母玛利亚的圣遗物箱。传说装有基督、圣母、圣约翰的衣服碎片。教堂大门和栅栏则为青铜式建筑，也是现存加洛林朝代唯一的青铜制品，风格古典。

圣玛利亚教堂位于市政
厅的北侧

CONCORDIA DOMI FORIS PAX

霍尔斯腾特尔城门

□班贝格的欧洲中世纪都市遗迹

班贝格的欧洲中世纪都市遗迹位于德国中部的巴伐利亚州雷格尼茨河岸边，风景秀丽，气候怡人。1007年，亨利二世把这里作为主教区，建设了许多宗教建筑，尤其是在1014年他成为皇帝之后，这里的宗教建筑更为漂亮和豪华，在世界上享有盛誉。这些建筑构思独特，设计精美，吸引着无数游客前来观光。班贝格作为宗教教区，从没有卷入过真正的战争，所以它的建筑至今保存完好。班贝格的主要建筑有大教堂、司教区博物馆、新宫殿、大臣伊古拉斯·帕蒂嘎和康科尔迪的宅第等。

班贝格大桥

科隆大教堂

□科隆大教堂

　　科隆大教堂位于德国的北莱茵—威斯特法伦州，是在希尔德博尔德遗址上修建的，时建时停，到1880年才基本落成。历时632年，是欧洲建筑史上建筑时间最漫长的建筑物之一。外表极为精致、典雅，堪称建筑史上的奇迹，是人类智慧的完美体现。

　　□建筑特色　整个建筑全部由磨光的石块砌成，高157.38米，建筑面积约6000平方米。教堂中央是两座与门墙连砌在一起的双尖塔，高161米，是全欧洲最高的尖塔。教堂内有10座礼拜堂，中央大礼拜堂穹顶高43米。教堂四壁上方有总数达1万多平方米的窗户，全部装着绘有《圣经》人物的彩色玻璃，有钟楼，装有5座吊钟，最重的圣彼得钟重达24吨。每逢祈祷时，钟声洪亮，传播得很远。而登临其上俯瞰全城，莱茵河美丽的风光尽收眼底。

德国科隆大教堂是阿尔卑斯山北麓最大的哥特式建筑

科隆大教堂绘有《圣经》人物的彩色玻璃

科隆大教堂中央大礼拜堂穹顶

莱茵河畔巴西利亚式教堂

　　落成于9世纪加洛林王朝时期的老科隆大教堂被称为"德国所有教堂之母"。建筑师盖哈尔德大师设计。继任者阿诺尔德和约翰内斯父子设计的歌坛，成为哥特式建筑艺术的典范。

　　1248年8月15日，举行奠基仪式。1164年"东方三王"遗骨运抵。1180～1230年安放"东方三王"遗骨盒，此盒系西方最大的圣骨盒。1322年大歌坛落成典礼。1880年10月15日，建造时间长达632年又两个月的大教堂终于竣工。第二次世界大战期间，遭14枚空投炸弹重创。1948年700周年庆典。1998年750周年庆典。

□波茨坦的宫殿和庭院

波茨坦是德国东部勃兰登堡州首府。在柏林西南，努特河与哈弗尔河汇合处。993年首见记载。1317年建市。腓特烈大帝在位(1740～1786年)期间为皇室住地和普鲁士文化、军事中心，实际上就是普鲁士国都。第二次世界大战中遭到严重破坏。1945年7月17日至8月2日在此举行盟国首脑会议。1952～1990年，该市为东德波茨坦区首府。名胜古迹有德国著名的洛可可式建筑物桑苏西宫(1745～1747年)、新议院、画廊(1755年)、橙园、新宫以及教堂等。有

波茨坦的腓特烈二世

腓特烈二世(1712～1786年)，又称腓特烈大帝。普鲁士第二代国王(1740～1786年)。在他的领导下普鲁士成为欧洲大国之一，国土大增，军事力量引人注目，是许多国家推崇和仿效的榜样。当时欧洲开明政府思想的主要代表人物。他坚持国家高于个人并实行宗教自由，对当时的思想主流产生了广泛的影响。比起较他年轻的同时代人如俄国的叶卡捷琳娜二世(大帝)和哈布斯堡的约瑟夫二世来，腓特烈更多地是在欧洲知识界心目中树立了开明专制的观念。腓特烈以在他那个时代的统治者中他是高度文化的主要代表而自豪。他是那个时代历史和政治学方面的一个多产作家。腓特烈统治时期对德意志的历史进程产生了深刻的影响。在18世纪40和50年代的斗争中，他进一步削弱了神圣罗马帝国正在摇摇欲坠的结构。

桑苏西宫

气象局、政法学院、财政学院、农学院、医学院、天文台、音乐学院和天体物理学中央研究所等文化教育机构。城郊巴伯尔斯堡是德国一个电影业中心。

波茨坦的宫殿和庭院位于德国的(勃兰登堡州)波

茨坦和柏林。从普鲁士国王弗雷德里希二世时开始建设。现存的宫殿有桑斯西宫、古里尼凯宫、沙尔劳腾霍夫宫、巴贝贝尔克宫及采茨利霍夫宫等。庭院有鲁斯特庭院、孔雀岛等。

□**桑苏西宫** 桑苏西宫是弗雷德里希的夏季行宫。宫殿的基本构思是国王亲自提出的。宫殿里至今还保存着国王亲手绘制的两张图纸。桑苏西宫是德国洛可可式建筑的杰作。西侧的房间供来宾使用，著名思想家伏尔泰曾在这里居住3年；东侧是国王私人房间。

□**王子宫殿** 有三座，分别是古里尼凯宫、沙尔劳腾霍夫宫和巴贝贝尔克宫，建筑风格各异。古

桑苏西宫采茨利霍夫宫外景观

里尼凯宫是罗马风格，沙尔劳腾霍夫宫是意大利古别墅风格，巴贝贝尔克宫是新哥特式风格。

□**鲁斯特庭院** 鲁斯特庭院围绕着桑苏西宫，有狩猎场、菜园和草坪。

□**孔雀岛** 孔雀岛位于柏林西南端的哈佛尔河中。从1795年起，这里先后修建了具有罗马风格的宫殿，以及玫瑰园和橡树林。庭院里放养了很多孔雀，岛也因此而得名。

普鲁士的腓特烈大帝，伟大的改革家。

采茨利霍夫宫和《波茨坦协定》

采茨利霍夫宫建于1917年。从普鲁士的阿卡狄亚那可眺望波茨坦市中心尼古拉教堂穹顶的风姿。这座教堂由建筑大师迅克尔设计，腓特烈大帝的后裔、虔诚的国王腓特烈·威廉四世委托建造。这个1769年竣工的庞大宫殿区与小巧舒适的桑苏西宫形成鲜明的对比。站在桑苏西宫可以望见北面的遗址山及山上仿古罗马遗址的装饰性建筑。除桑苏西外，属于这一环状地带的还有与桑苏西相邻的夏洛滕霍夫公园、哈韦尔河畔的新花园、孔雀岛、萨克罗夫宫和公园、格利尼克宫和公园、巴贝斯贝格宫和公园。

1740年腓特烈二世登上普鲁士王位。1745～1747年建造无忧宫。1750～1753年，法国哲学家伏尔泰在无忧宫居留。1825～1827年，替普鲁士王子卡尔建造格利尼克宫。

二战时因1945年8月2日苏、美、英三国领袖在此签订了有关处理战后德国原则的《波茨坦协定》而载入史册，波茨坦也因此而举世闻名。

波茨坦会议(1945-07-17~1945-08-02)，第二次世界大战时的盟国会议，在柏林郊外波茨坦举行。主要参加者有美国总统杜鲁门、英国首相丘吉尔和苏联部长会议主席斯大林。会议讨论了欧洲和平问题的实质和步骤。三巨头及外长和下属主要关注的是：亟须解决的战败后德国的管理问题、划定波兰边界问题、奥地利占领问题、苏联在东欧的作用问题。7月26日，会议向日本发出最后通牒，要求日本无条件投降。西方民主国家与苏联相互间极其矛盾的目标，事实上意味着波茨坦会议将是盟国间的最后一次最高级会议(左图片摄于波茨坦会议期间)。

□汉堡

德国最大的港口，欧洲第二大港，位于易北河畔。为德国的古城之一，12世纪时这里就是贸易中心。市中心的旧城里，有最雄伟的圣米迦勒教堂，还有19世纪的精美建筑物，如各国领事馆及奇利豪斯大厦。

汉堡是德国北部的文化中心，这里设有汉堡大学、汉堡－哈尔堡科技大学以及音乐、演奏艺术学校等及约250个研究中心。有6个大博物馆，其中美术馆是欧洲最重要的画廊之一。这里是门德尔松和勃拉姆斯的出生地，富有音乐传统，建有各种各样的乐团，国立汉堡歌剧院享有世界声誉，与德意志剧院、塔利亚剧院为著名的三剧院。这里是欧洲重要的交通枢纽。除水运外，还是主要的航空港之一，郊区有重要的国际机场。

□**景观位置**　汉堡位于易北河下游谷地北端，谷地在该处宽约8千米~13千米。在旧城东南，易北河分为南易北河和北易北河两条支流，两支流又在旧城正西的阿尔托纳对面汇合成下易北河。

□**城市布局**　市中心是旧城，原为中世纪居民点，以海港及沿旧堡至周围的条条道路为边界。在市中心，除圣雅各、圣彼得、圣凯瑟琳、圣尼古拉和圣米迦勒5座大教堂之外，便无其他大建筑物使人想到该市上千年的历史了。

□**建筑特点**　汉堡市内保存得最完整的历史建筑物群在堤坝路，路一侧紧靠尼古拉运河。路旁高而扁狭形的房屋与阿姆斯特丹的房屋相似，原建于17至19世纪。汉堡5座教堂中，最雄伟的是圣米迦勒教堂。这是一座18世纪建造的巴洛克风格新教教堂，内部是豪华的金色和白色装饰。1906年此教堂毁于火灾，重建后在第二次世界大战中再度被毁，战后再次修复。

德国汉堡

□海德堡

德国西南部巴登－符腾堡州城市。1196 年为莱茵－巴拉丁的首府。1802 年并入巴登，1693 年法军摧毁此地的圣灵教堂。名胜古迹有老桥(1786～1788年)、市政厅(1701～1703年)和耶稣会教堂(1712年)。最雄伟的建筑是海德堡城堡。1693 年遭法军破坏的这座壮丽的红色沙岩建筑物仍屹立在河边高处，可俯瞰全城景色。海德堡大学创立于1386 年，是德国最古老的大学。该校地质古生物研究所藏有一块距今约 40 万年前的古人类颌骨化石。

□**海德堡大学** 1386 年由鲁佩特一世仿照巴黎大学建立，成为自然科学、法学和哲学的中心。现有神学、法律、医学和哲学等院系，设有多学科的研究机构及基金会。

海德堡人

距今约40万年，1907 年其化石在德国海德堡东南摩尔镇大砂坑里出土。随之出土的动物化石有象和犀的遗骸。海德堡人下颌骨化石的年代属于中更新世早期间冰段，牙齿具有人类的特征，臼齿形状与现代人相似，这件化石最初定名海德堡人，属于欧洲直立人。

海德堡古滕堡城堡的文物

海德堡的城堡是德国旅游的热门地点，每年都会有上百万人来到这里，有许多的城堡位于内卡河谷，在此可以俯瞰具格街。

□慕尼黑

慕尼黑是德国巴伐利亚州最大城市和首府，德国第三大城市。濒临伊萨尔河，离阿尔卑斯山北缘约48千米。德语意为"僧侣之乡"。历史可追溯至8世纪本笃会在泰根湖边建立的隐修院。1157年，巴伐利亚公爵狮子亨利授权僧侣建立市场。1255年，慕尼黑成为维特尔斯巴赫家族之家乡。14世纪初期，路易四世将城镇扩大。1597年～1651年，马克西米连一世统治时期，城市繁荣，直至"三十年战争"。1825年～1848年，巴伐利亚国王路易一世规划并创建了现代的慕尼黑。19世纪成为发展时期，新教徒被承认为市民。在欧洲文化方面的重要性由于路易二世奖励作曲家瓦格纳而大大提高，使该城镇恢复了它音乐和戏剧之乡的声誉。第一次世界大战后，希特勒加入了纳粹党并成为党魁。1923年11月8日，他在当地啤酒馆聚众闹事反对巴伐利亚当局。第二次世界大战期间，慕尼黑遭到猛烈轰炸。历史建筑有弗劳恩教堂(1468～1488年)、旧市政厅(1470～1480年)、彼得斯教堂(1169年)、米契尔教堂(1583～1597年，文艺复兴时期)。旧城主要是巴洛克式和洛可可风格。

慕尼黑玛利亚广场

慕尼黑协定

1938 年 9 月 3 日，德国、英国、法国和意大利达成的允许德国吞并捷克斯洛伐克西部苏台德区的解决办法。1938 年 3 月，希特勒轻易地把奥地利并入德国以后，立即觊觎捷克斯洛伐克。次年 3 月，希特勒吞并了整个捷克斯洛伐克，9 月，入侵波兰，挑起了第二次世界大战，使张伯伦的政策名声扫地。《慕尼黑协定》成为对扩张主义极权国家实行绥靖政策的代名词。

慕尼黑大学

全称是慕尼黑路德维希－马克西米连大学，由巴伐利亚公爵于 1472 年在因戈尔施塔特依照维也纳大学创办。在新教改革运动时期，约翰·埃克把它变为天主教反对马丁·路德的中心。1799 年该校成立经济学院和政治学院。翌年，国王马克西米连·约瑟夫将该校迁往兰茨胡特，并将其命名为路德维希－马克西米连大学，皇室继续给该校以大力支持。1826 年，国王路德维希一世将该校迁至慕尼黑。1868 年成立农林学院，增添了新教神学院。该校的研究所、研究班和诊所极为著名。

慕尼黑设有慕尼黑大学以及艺术、音乐、哲学、军事、电影电视等学院，有州立图书馆、大学图书馆等图书馆，还有许多杰出的博物馆、美术馆。歌剧极为兴盛，有州立歌剧团、慕尼黑爱乐交响乐团和其他乐团、剧团和剧场。

□柏林

柏林位于德国东部，施普雷河广阔的冰河河谷之中。是世界著名的大都市。处于欧洲的心脏，是东西方的交汇点。市内地势平坦，绿荫遍布，其中公园、森林、湖泊和河流约占城市总面积的1/4。

城市有多种风格的建筑，如巴洛克式的、古典主义的、威廉时代的、新艺术派的、战后现代主义的和后现代主义的等。圣母教堂拥有800年的历史，而雄伟的勃兰登堡门则是柏林的象征，堪称德国近代史的见证人。不达梅集市是柏林市建筑最精美的中心之一，有德国与法国天主教堂和大剧院等。共和国宫是柏林最大的现代化建筑物，会议大厅是现代建筑的代表作之一，交响音乐厅和国家现代美术馆风格新颖。此外，还有著名的"柏林墙"遗址。

柏林往昔的辉煌历史至1945年都成过去，但从第二次世界大战的破坏中幸存下来。战后城市重建，经济和文化都有惊人的发展。柏林在波罗的海以南约180千米，位于施普雷河广阔的冰河河谷之中，河流流贯城市中心。最高点克罗伊茨贝，是柏林市中心一座海拔218英尺的山峰。

□**城市布局** 柏林原与科恩为姊妹城，13世纪初开始在施普雷河一个岛屿上和岛屿对面河北岸的一小块土地上兴建城市。15世纪末，是一小城镇的柏林便成为勃兰登堡选侯。1701年，该城得到发展，呈现出巴洛克式的风貌，兴建了如夏洛滕堡宫等新的城堡。大方美观的广场和雄伟的石砌建筑物得到美化。中央区有宽阔的南北向大道，如威廉大街和腓特烈大街，还有具有特色的东西向主道。

第二次世界大战中被毁的钟楼合建成一座令人惊叹不已的玻璃－混凝土结构式教堂。更多地保存历史传统风格、有纪念意义的建筑物是经彻底重建的国会大厦。1990年初，该建筑物的会议大厅经重新装修供议会使用。市中心的圣尼古拉教堂约建于1200年，是本市建筑物的象征和战争纪念堂。这是柏林市最古老的一座红砖房屋，1987年纪念柏林市建市750周年时完全修复。

柏林的昨天与今天

1244年，柏林与科恩见于史籍，13世纪，因其地理位置在施普雷河上，扼东西贸易通道而建城。原为日耳曼部族所居，撒克逊的大熊阿尔贝特一世从西面渡易北河来征服斯拉夫人，被封为勃兰登堡边界地区侯爵。至今柏林还保存有傲慢地以后足立起的黑熊作为其象征。1214年，该地曾建一碉堡。14世纪中，此城成为勃兰登堡边境地区城市同盟(建于1308年)的中心，并加入由北部德国城镇组成的汉萨同盟。1411年，勃兰登堡边界区归入纽伦堡封建诸侯腓特烈六世管辖。15世纪末，霍亨索伦家族为勃兰登堡选侯，将柏林－科恩设为其首府及永久驻地。1618～1648年的"三十年战争"中，柏林经济负担甚重。1640年，腓特烈·威廉登位后，兴建工程，修筑堡垒要塞，拒瑞典入侵者于境外。1701年，普鲁士王(称腓特烈一世)，定柏林为王都。1838年柏林至波茨坦铁路通车，柏林成为大铁路网的中心。工业革命时期适逢俾斯麦当政，1871普鲁士统一德国时他是普鲁士宰相。

1918年，柏林成为第一个德意志共和国的首都。1923年，希特勒在慕尼黑的暴动被镇压。1938年，纳粹党卫军在被称为"打砸之夜"的晚上用暴力破坏了犹太人的犹太教会堂。1989年，东德当局将分隔柏林达28年的柏林墙推倒，东西德统一。东欧的民主化和苏联的解体，使欧洲重心东移。德国政府从莱茵河地区迁往施普雷河地区所表现的这种转移，也预示柏林将成为欧洲中部政治、经济和文化中心。

雄伟的勃兰登堡门是柏林的象征，堪称德国近代史的见证者。

圣尼古拉教堂

全市有约20所公立和私立大学和学院。洪堡大学和柏林自由大学为世界著名学府，是德国主要的科研中心，享有国际声誉。有3所歌剧院、150家剧场和剧院、170座博物馆、300座画廊、130家电影院和400家露天剧场。柏林爱乐乐团和柏林歌剧院享誉世界。还是欧洲主要的会议和博览会城市之一，每年都举行各种艺术节、博览会和影展等，柏林电影节是国际上最重要的电影节之一。此外，还有200多家出版机构和若干重要档案馆和图书馆。著名的"博物馆岛"集中了国家美术馆等多个博物馆，收藏了世界各国珍贵的艺术品，其中德意志博物馆是世界最大的自然科学技术博物馆。图为柏林大道和圣尼古拉教堂夜景。

天主教堂

国会大厦

□纽什凡斯泰恩城堡

　　1869年开始动工的纽什凡斯泰恩城堡是根据当时巴伐利亚国王路易二世的设想建造的工程，建于巴伐利亚阿尔卑斯山脉波拉特峡谷凌空突出的岩壁上。到1886年路易去世时这座城堡尚未完工。这座要塞消耗巨资，是在中世纪城堡的基础上改建而成的传奇性的建筑。城堡包括围墙院落、室内花园、尖塔、望楼以及人工山洞。设有宝座的两层觐见厅模仿拜占廷式的长方形会堂，有红色的斑岩柱子和点缀着星宿的蓝色筒形拱顶。路易是音乐家瓦格纳的保护人，城堡中各处的壁画都是以瓦格纳所编歌剧中的故事为题材；四楼歌唱厅中的壁画描绘帕西发尔的生平，书斋壁画中有汤豪泽的传说。现成为游览胜地。

　　南德诱人的不仅在于它是具历史价值性的城市，更因为它的山水、湖泊、森林等自然景观。巴伐利亚国王路易二世成为多彩多姿的欧洲文化的传奇人物。疯狂国王的皇宫城堡，如纽什凡斯泰恩城堡、海伦基姆河、赫伦琴西、林德霍夫，都是极吸引游客的地方。而海伦基姆河的皇宫是必游点之一。提到慕尼黑就想到阿尔卑斯山。在巴伐利亚，慕尼黑虽不像其他地方那么高耸，但并不会因此缺少人们关注。阶梯式的教堂形成了一幅如画般的山水景色。

从纽什凡斯恩城堡俯瞰巴伐利亚景色

爱沙尼亚

总面积： 45 200 平方千米

人口

- 500 000 以上
- 100 000 以上
- 50 000 以上
- 10 000 以上
- 10 000 以下

海拔

200 米
海平面

北

50 千米

50 英里

芬 兰 湾

哈拉加埃 洛克萨 昆达 阿塞里 科赫特 锡拉尔迈埃
帕尔迪斯基 **塔林** 马尔杜 拉克韦雷 拉亚尔韦 纳尔瓦
凯拉 塔帕 基维厄利 纳尔瓦水库
沃尔姆西岛 拉普拉 书 雷 高 地 俄
波 凯尔德拉 胡罗 派德 穆斯特韦
罗 希乌马岛 韦德拉 迈德杰马 佩 罗
的 金瓦斯图 维尔特苏 旺德拉 苏雷杰尼 约格瓦 卡拉赛泰 普 斯
海 萨列马岛 维尔茨湖 辛迪 维尔扬迪 塔尔图 赖皮纳
库雷萨雷 派尔努 基林吉内梅 邹茨韦 大
基赫努岛 默伊萨屈拉 埃尔瓦 波尔瓦
萨雷峡 里加湾 书伊萨尔岛 特尔瓦 奥泰佩 沃鲁 湖
瓦尔加 安茨拉 318
拉 穆纳玛吉山
脱
维 斯
亚

□ 塔林历史中心

爱沙尼亚塔林历
史中心市内建筑

爱沙尼亚塔林

　　塔林是北欧地区唯一保留着中世纪风格的城市。塔林城四周环绕着中世纪建造的古城墙。主要建筑有多姆教堂、奥列维斯大教堂、尼古拉大教堂、圣米歇尔修道院和马戏场等，这些建筑都是中世纪的风格，古朴自然，点缀着塔林的现代文明。

古朴自然的建筑，点缀着塔林的现代文明。

天音乐会的场所，每5年爱沙尼亚都要在这里举行一次大型歌咏活动。

□塔林历史中心

塔林历史中心位于爱沙尼亚首都塔林。由上城、下城组成，上城是上流社会、宗教阶层和封建权贵的聚集地，下城是商人和手工业者的居住地。著名的托姆别阿城堡就坐落在上城。塔林城市的象征——老托马斯守护神雕像，威武地站立在下城市政大楼八面棱体的塔楼顶端。老城中有建于1842年的爱沙尼亚历史博物馆，馆内收藏有世界各地的展品。另外还有爱沙尼亚音乐厅、爱沙尼亚冬季花园、塔林音乐厅和歌唱节会场等。歌唱节会场是举办露

《约1820年里加的集市和交易场》石版画

161

□罗斯基勒大教堂

　　罗斯基勒大教堂位于丹麦的西兰岛中部。始建于1170年，是丹麦王室的神庙，丹麦历代王族逝世后都安葬在这里。现在大教堂的正殿里仍安放着玛格丽特一世的石棺(1995年被列入世界遗产)。

　　□建筑特色　教堂是晚期罗马式建筑风格，后来增建了哥特式建筑，如大教堂铜屋顶的尖塔。教堂的主廊和侧廊由两组八角形柱子分开，主廊两侧有各种各样的礼拜室。窗户是半圆拱形的，高大明亮，阳光透过这些窗户照射在由两层连拱廊支撑着的半圆壁龛上。

玛格丽特一世

　　玛格丽特一世(1353~1415年)，丹麦、挪威和瑞典摄政王，她通过外交和战争建立了卡尔马联合政权(1397年)。丹麦国王瓦尔德马四世之女。她很早就显示出统治的天才。1389年她的继承人波美拉尼亚的埃里克成为挪威的世袭国王，1396年又当选为丹麦和瑞典(当时包括芬兰)的国王。在外交方面，她极力制止德意志北侵并扩展丹麦的南方边界。玛格丽特是斯堪的纳维亚最杰出的君主之一，她不仅能奠定国内和平，而且能维护自己的权威以遏制德国贵族的图谋和汉萨同盟的经济优势。

哥本哈根的房屋建筑

耶林坟丘
　　位于丹麦的日德兰半岛中部。这里是丹麦王国的诞生地，保存有教堂、如尼字母石碑等历史遗迹。教堂前耸立着两座刻有如尼字母的石碑；另一座称为哈拉德石碑，是北欧最大的如尼字母石碑。(图为哥尔姆石碑)

丹 麦

总面积： 43 094 平方千米

人口
- ▣ 1 000 000 以上
- ◎ 100 000 以上
- ● 10 000 以上
- ● 10 000 以下

斯卡根
希茨海尔斯
约灵　腓特烈港
布伦讷斯莱乌
汉斯特霍尔姆　菲耶里茨莱乌　奥比布罗
齐斯泰兹　　　奥尔堡
莫尔岛
莱姆维　斯基沃　霍布罗
斯楚厄　　维堡　兰讷斯　格雷诺
霍尔斯特布罗
伊凯斯海　锡尔克堡　埃伯尔措夫特
霍尔姆斯　米克宾　日德兰半岛　奥胡斯
兰沙嘴　布兰讷　丁于山　173
斯凯恩　吉韦　霍林
格林斯泰兹　　瓦埃勒
瓦德　　恩讷莱沃尔　大贝
埃斯比约　科灵　　灵厄
布勒鲁普　腓特烈西亚
里伯　哈泽斯莱乌　菲英岛
塔夫脱伦德　灵德堡
勒姆岛　奥本罗　斯文堡
　　岑讷　格罗斯滕　阿尔斯岛　马斯讷兹

卡特加特海峡
莱斯岛
阿尔岛

博恩霍尔姆岛
伦讷
(续，比例相同)

赫尔辛格　至瑞典的赫尔辛堡
洪讷斯泰兹　赫勒勒
尼克宾　希勒勒德
萨埃斯岛　弗雷登斯堡
赛厄岛　霍尔拜克　哥本哈根　至瑞典的马尔默
凯隆堡　　罗斯基勒　□罗斯基勒大教堂
西　　指挥楚斯特
兰　　　卡尔昂斯特
斯劳厄　索勒　克厄
奥勒鲁普　科瑟　灵斯泰兹
欧登塞　　　大海津厄
奈斯特韦兹
斯文堡　　　普赖斯托
沃尔丁堡　歇恩岛
温讷明讷　法尔斯特岛
　　纳克斯考　马里博　洛兰岛
尼克宾法尔斯特尔
盖瑟

北　海
尼苏姆湾
卡　特　加　特　海　峡

波　罗　的　海

海拔
175米
海平面
- ──── 航线

德　国

北

0　50千米
0　50英里

罗斯基勒大教堂

拉脱维亚
总面积：64 600 平方千米

人口
- 500 000 以上
- 100 000 以上
- 50 000 以上
- 10 000 以上
- 10 000 以下

里加历史中心

海拔
200 米
海平面

北

0 ___ 50千米
0 ___ 50英里

□里加历史中心

里加历史中心位于拉脱维亚首都里加。里加古城始建于公元1201年，当时是要塞。公元13～15世纪，里加地区与中欧及东欧各国贸易往来频繁，十分繁荣。1710年归属俄罗斯。公元19世纪，里加成为重要的经济中心。1918年独立。里加历史中心最著名的建筑是圣彼得大教堂及多姆大教堂，1997年被列入世界遗产。

□**圣彼得大教堂** 圣彼得大教堂始建于公元13～14世纪，1689～1694年改建为巴洛克式。教堂的尖塔高达120米，塔尖上有金色风信鸡雕像，是里加城的标志。1941年二战中被毁。1970～1973年修复时重新安装了一只金色的风信鸡。

□**多姆大教堂** 多姆大教堂始建于公元1211～1215年，历时5个世纪，到公元19世纪才最终完成。教堂集罗马哥特式、巴洛克式和古典建筑艺术于一体，高90米。教堂内有一架大风琴，由6768根10～13毫米的琴管组成，是世界上最大的管风琴之一。现辟为里加历史博物馆分馆。

多姆大教堂内有一架大风琴，由6768根10～13毫米的琴管组成。

上图：里加是全国经济文化中心，波罗的海地区最大的枢纽城市。濒临里加湾。市区跨道加瓦河两岸，地理位置很重要。里加分为老城和新城。老城位于道加瓦河右岸，有运河环绕，具有中古时代城市的特征，每座屋顶上有一只金属制风信鸡。这里的许多古建筑构造奇巧，外观精美。有著名的圣彼得大教堂和多姆大教堂、骑士团城堡、叶卡勃教堂和彼得一世宫，交通便利，是波罗的海上的天然良港，内河与海上均可通航。图为里加历史中心，中间为自由纪念碑，左边是多姆大教堂。下图：里加景象。

维尔纽斯历史中心

维尔纽斯历史中心位于立陶宛首都维尔纽斯。维尔纽斯城始建于1323年，是立陶宛最古老的城市之一，1323年成为立陶宛的首都。维尔纽斯历史中心有100多座不同时代风格的古建筑，以圣安娜教堂及哥迪米纳斯塔最为著名，1994年被列入世界遗产。

□圣安娜教堂 圣安娜教堂建于16世纪，被誉为哥特式建筑中的一颗明珠。教堂高22米，宽10米。顶端有主塔，由若干塔簇拥捧护，似众星捧月。整个教堂由线条、图案和角塔构成绚丽多姿的造型，玲珑剔透。

□哥迪米纳斯塔 哥迪米纳斯塔建于公元14世纪，高三层，耸立在海拔约百米的山丘上，是全城的制高点，也是维尔纽斯的象征。

□圣斯坦尼斯拉夫大教堂 圣斯坦尼斯拉夫大教堂建于1419年，哥特式建筑，有3条回廊、2座高塔。

维尔纽斯

维尔纽斯，波兰语称维尔诺。立陶宛首都。位于内里斯河和维尔尼亚河汇合处。公元10世纪即有人定居。1128年首见记载。1323年格迪米纳大公统治此地。1377年老城为条顿骑士团所毁，后重建。1387年自治，并建为天主教管区。1579年设立耶稣会学校。1655～1660年，1702～1706年和1812年曾分别被俄国、瑞典和法国占领。1795年，根据第三次瓜分波兰条约划归俄国。两次世界大战期间被德国占领，并遭严重破坏。公元17世纪～18世纪，立陶宛纷纷建造华丽的教堂。维尔纽斯现存有28座天主教堂，7座东正教堂，2座新教礼拜堂，1座清真寺和犹太教的教堂。1940年6月苏联兼并立陶宛。1991年又为独立的立陶宛首都。市区有许多历史建筑物。

立陶宛首都维尔纽斯市貌

□维尔纽斯历史中心

立陶宛

总面积：65 300 平方千米

人口
- 500 000 以上
- 100 000 以上
- 50 000 以上
- 10 000 以上
- 10 000 以下

海拔
200米
海平面

北

0   50千米
0   50英里

维尔纽斯历史中心的大教堂全景

瑞士

总面积：41 284 平方千米

人口
◎ 100 000 以上
◉ 50 000 以上
● 10 000 以上

□伯尔尼老城　　□苏黎世　　□圣加伦的修道院

德　　国

巴塞尔
利斯塔尔
德莱蒙
索洛图恩
拉绍德封
格伦兴
比尔
拉珀斯维尔
纳沙泰尔
伯尔尼
克尼茨
弗里堡
伊韦尔东
勒南
莫尔日
洛桑
蒙特勒
尼翁
日内瓦
马蒂尼
阿芬
奥尔滕
朗根塔尔
博利根
施持菲斯堡
图恩
施皮茨
沃伊
皮伊
锡永
布里格
辛普朗山口
辛普朗隧道
洛迦诺
卢加诺
大圣伯纳德山口

沙夫豪森
巴登
克洛滕
苏黎世
霍尔根
韦登斯维尔
巴尔
楚格
卢塞恩
克罗伊茨林根
弗劳恩费尔德
阿尔邦
温特图尔
维尔
乌斯特
施泰法
约纳
艾因西德伦
施维茨
勒尔沙赫
圣加伦
黑里绍

列支敦士登
库尔
达沃斯
乔
弗吕埃拉山谷
圣莫里茨
贝尔尼纳峰

格多夫
格里村
▲3970
勒蓬廷
圣贝尔纳迪诺山口
圣戈塔尔多山口
贝林佐纳

莱茵河
博登湖
四森林州湖
琉森湖
格里姆湖
图恩湖
日内瓦湖
马焦雷湖
▲1602
杜富尔峰

奥　地　利

阿　尔　卑　斯　山　脉

法　国

意　大　利

钉在十字架上的耶稣

(1)艾因西德伦

法语作埃尔米特圣母村。瑞士施维茨州城镇，位于瑞士中部偏东北，在阿尔卑河右岸和施维茨城东北。围绕着本笃会隐修院兴建。该隐修院1274年成为神圣罗马帝国的一个封邑。1386年以后属于施维茨。大教堂内的木雕"黑圣母玛利亚"像从14世纪以来一直是欧洲朝圣者顶礼膜拜的圣像。艾因西德伦是瑞士最大、最著名的朝圣地。(图为艾因西德伦的木笃会隐修院)

(2)梅索尔奇纳的修道院

位于瑞士东部。建于公元780年，是加洛林王朝法兰克国王查理曼大帝修建的。拥有三个礼拜堂。

海拔
3000米
2000米
1000米
500米
200米

北
0　　30千米
0　　30英里

□苏黎世

瑞士最大的城市。在苏黎世湖西北端。当地最早的居民为史前民族。凯尔特民族赫尔维蒂人曾在利马特河右岸建立社区。公元前约58年被罗马人建立税卡。罗马衰败后，先后落入阿勒曼尼人和法兰克人之手。1218年成为自由城市。1351年成为瑞士联邦的重要盟员。"反宗教改革"期间，意大利北部和法国的难民迁居到此，促进了当地文化、经济的发展。19世纪自由民主制度开始出现，苏黎世因而得以进入现代工业时期。1830年的宪法促进了经济发展。苏黎世－克洛滕机场为瑞士最繁忙的航空港。旅游贸易蓬勃发展，中心为世界最大商业区之一。国际会议亦占重要地位。苏黎世有丰富的文化生活，戏

从利马特河俯视大教堂

剧、歌剧富于创新。1833年创建苏黎世大学。1898年成立瑞士国家博物馆，收藏有历史、艺术和科学方面的珍品。每年有两大节庆：4月的六角钟鸣节和9月的射击竞赛。登山(阿尔卑斯山)活动极为流行。

苏黎世景观

圣加仑修道院

圣加仑修道院位于瑞士东北部城镇，圣加仑州首府。它的建造历史可以追溯到612年，当时是一座草房，是由一位叫凯尔特的修道士建造的。他因在去意大利的途中病倒在博登湖畔，而修建了草房和小礼拜堂。公元9世纪初，在草房的原址上建成了石造的圣加仑修道院。修道院最醒目的是教堂两边高耸的塔，塔高68米，非常壮观。教堂内部的装饰也十分华美。还有一座修道院图书馆，是中世纪抄本的宝库。

圣加仑有一所大学、几所博物馆、一个剧院和一个音乐厅。圣加仑有悠久的亚麻和棉纺织业的历史，刺绣业迄今仍然繁荣。当地的著名活动有两年一次的儿童夏令节、两年一次的国际马展和瑞士全国农产品和乳制品博览会。圣加仑的居民讲德语，信基督教新教和天主教。

图为伯尔尼老城钟楼。从前标准时间由钟塔的大钟确定，今天，天文钟及闻钟而动的人像仍是伯尔尼著名的标志。

圣加仑的修道院

圣加仑

612年凯尔特人传教士在此建立第一座隐修院，720年左右扩大为本笃会隐修院。城镇是在隐修院四周发展起来的。在1453和1454年，隐修院与城镇分别和再十联邦结成同盟。1524年牧师的统治结束，1803年城镇成为新建的州首府。从1846年开始，一直是天主教的主教教区。最著名的建筑物是隐修院教堂和前隐修院的几幢建筑物。圣加仑图书馆（1758～1767年）藏有2000册左右手稿和大量法兰克王国卡罗林王朝和奥斯曼帝国时代的古版书和其他书籍。

伯尔尼老城

伯尔尼老城位于瑞士首都伯尔尼，始建于1191年。伯尔尼德语的意思是"熊"，所以伯尔尼也叫熊城。今天伯尔尼的市徽上还有熊的图案。伯尔尼既是瑞士的政治中心，也是著名的表都。伯尔尼老城古老的房屋、尖形的塔楼，使伯尔尼显得古色古香。最著名的建筑是钟楼、圣文森兹大教堂和联邦宫。

□钟楼 钟楼很有特色，上有列队行进的机械小熊。小熊身穿红黑相间的服装，有的吹喇叭，有

伯尔尼老城的历史

1191年大公贝希托尔德五世建立居民点。1218年，成为帝国自由市。1218～1220年在西侧建造防御工事。1270年拆毁纽代克堡。1405年城市毁于大火。1622～1634年构筑壁垒。1834～1845年部分拆除军事设施和城门。1848年成为瑞士首都。1919年城市向西扩建。1971年起，伯尔尼妇女享有选举权和表决权。

的打鼓，后面是骑马的公熊和母熊，以及拿着枪、剑、矛的其他机械动物。动物行进结束后，报时的钟就开始鸣叫。

□**圣文森兹大教堂**　圣文森兹大教堂始建于1421年，教堂尖塔高达100米，高耸入云，巍峨壮观。教堂的大门上刻有哥特式雕刻作品。

□**联邦宫**　联邦宫建于1852～1857年。它的绿色圆顶在红色房顶的映衬下格外醒目。

瑞士伯尔尼萨恩，阿勒河流域两岸绿荫葱茏，树木苍翠，芦苇荡中时有飞鸟掠过，这是瑞士最美丽的河岸风光之一。现在它的大部分区域都是自然保护区。

伯尔尼老城圣文森兹大教堂

奥地利

总面积 82 730 平方千米

人口
- ▣ 1 000 000 以上
- ◉ 500 000 以上
- ◎ 100 000 以上
- ⊙ 50 000 以上
- • 10 000 以上

□萨尔茨堡历史中心

□维也纳历史中心

□萨尔茨卡默古特地区的哈尔施
塔特－达赫泰因山的文化景观

捷　克

斯
洛
伐
克

国

德

意

大

利

牙

利

亚

尼

斯

洛

文

格明德

茨韦特尔城

多瑙河畔
克雷姆斯

施托克劳

克洛斯特新堡

维也纳

海德灵
巴登

莱昂丁
林茨

圣珀尔滕

韦尔斯

阿姆施泰腾

施泰尔

因河畔布
劳瑙

维也纳新城

泰尔尼茨

艾森施塔特

萨尔茨堡
哈莱因

巴特伊施尔

斯泰皇斯茨

利岑

卡普芬贝格

莱奥本

布雷根茨

卢斯特瑙
多恩比恩
霍恩埃姆斯
费尔德基希

列支敦士登

因斯布鲁克

脉山彭尔尔
施瓦茨
乔峰德诺
基茨比厄尔

西尔森堡山脉

恩山脉

山

脉

克尼特尔费尔德拉

奥塔勒山脉

齐勒塔尔山脉

上陶恩山脉
大格洛克纳山
▲3797

脉山尔塔古

德劳河畔施皮塔尔

格拉茨

沃尔夫斯堡

利恩茨

山尔塔尔脉

绍劳塔尔山脉

兰河畔韦尔
菲拉赫
克拉根福

卡拉万克山脉
伊洛布尔山

康斯坦茨湖

海拔

- 3000 米
- 2000 米
- 1000 米
- 500 米
- 200 米
- 海平面

北

0　　　　50 千米

0　　　50 英里

申布伦宫殿和花园

位于奥地利首都维也纳西
南郊，多瑙河南岸到维也纳森
林之间，始建于 1696 年，1713
年落成。是奥卡尔皇帝为欧根
亲王哈布斯堡修建的夏季行宫。
（图为申布伦宫）

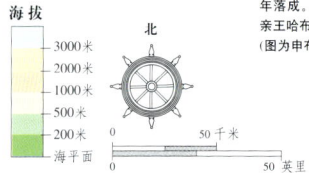

□萨尔茨堡历史中心

萨尔茨堡历史中心位于奥地利的萨尔茨堡，坐落在萨尔察赫河畔，气候怡人，风景优美，是著名作曲家莫扎特的诞生地，也是奥地利著名的音乐和艺术中心。萨尔茨堡历史区面积不大，人口也很少，仅13.8万人左右。四周是陡峻的石壁，萨尔察赫河穿城而过，将城一分为二。城南是17世纪建筑的皇家花园，城北有1900多年历史的霍亨萨尔茨堡。

□**建筑特色** 萨尔茨堡的建筑式样可分为罗马回廊式和早期哥特式两种。建筑艺术超群绝伦，堪与意大利的威尼斯和佛罗伦萨相媲美，有"北方罗马"之称。

□**圣佩塔修道院** 圣佩塔修道院建于公元700年前后，有罗马式样的回廊和早期哥特式样的圣玛利亚礼拜堂。是奥地利最古老的修道院之一。在欧洲中世纪建筑史上占有一席之地。

□**大教堂** 大教堂建于17世纪初，是奥地利第一座意大利式建筑。建筑风格与罗马圣彼得大教堂相似，拥有大理石砌成的双塔和多处雕刻。

□**霍亨萨尔茨堡** 霍亨萨尔茨堡位于城北，是萨尔茨堡市的标志，是中欧地区保存最完整、规模最大的一座古城堡。从1077年开始动工，1861年才完成。城堡四周是坚固的城墙，堡内有街道、庭院和多座建筑物；有举行盛大宗教仪式的厅堂；还有音乐厅、兵器馆、囚犯馆、主教居室等。

辉煌的萨尔茨堡

奥地利许多城镇都有辉煌的教堂、广场和喷泉，但唯独萨尔斯堡这一城镇却有着一种震颤人心的世界性氛围。莫扎特(1756～1791年)的家乡萨尔茨堡是到奥地利的游人去得最多的城市之一，每年的音乐节期间，莫扎特的崇拜者如潮水般从世界各个角落涌来。

霍亨萨尔茨堡位于城北，是萨尔茨堡市的标志，也是中欧地区保存最完整、规模最大的一座古城堡。

萨尔茨堡的建筑式样可分为罗马回廊式和早期哥特式两种，多坐落在萨尔察赫河畔。

□**萨尔茨堡音乐节** 为纪念音乐家莫扎特而兴办的活动。始创于1877年，演奏曲目均为莫扎特的作品，规模盛大，为一年一度的音乐盛事。

与施特劳斯共度良宵

弗兰茨·舒伯特

城堡剧院的交响乐

弗兰茨·格里尔帕策

□萨尔茨卡默古特地区的哈尔施塔特－达赫泰因山的文化景观

　　萨尔茨卡默古特地区的哈尔施塔特－达赫泰因山的文化景观，位于奥地利的萨尔茨卡默古特。萨尔茨卡默古特以湖泊闻名，共有 76 个湖泊环绕在这里，并且每一个都有自己的特色和魅力。清流透底，幽谷浪漫，温热的水温适宜水中运动。从公元前 2 世纪起，萨尔茨卡默古特地区的居民就开始开发当地的盐资源，成为该地区繁荣的基础，也成为皇朝税收的一项重要来源。哈尔施塔特－达赫泰因山的精致建筑，反映了当年这一地区的繁荣景象。

　　萨尔茨堡历史区位于奥地利的萨尔茨堡，坐落在萨尔察赫河畔。

□维也纳历史中心

维也纳历史中心位于奥地利东北角阿尔卑斯山北麓，多瑙河右岸。该城的历史可以追溯到1800年以前。原是一个古老的村落。公元前400年左右，凯尔特人迁徙至此，并将这一带命名为"维都尼亚"，维也纳由此得名。公元1100年，巴奔堡家族在这里建造了第一座城堡。1137年，维也纳第一次作为城市出现在史书上，同时在政治、经济上得到发展。15世纪以后，维也纳成为神圣罗马帝国的首都和欧洲政治经济的中心。18世纪时玛利亚·特蕾西亚母子当政，积极推动改革，带来了社会的进步和艺术的繁荣。19世纪后维也纳一直是欧洲大帝国——奥匈帝国的首都。1918年，奥匈帝国在第一次世界大战中战败。第二次世界大战结束后，作为德国的仆从国，其首都维也纳被苏美英法四国分区占领。1955年，四个占领国在维也纳美景宫同奥地利签订了《国家条约》，独立、中立的奥地利诞生。维也纳开始重建，逐渐恢复了昔日的辉煌。

□**建筑特色** 维也纳城市布局层次分明，分为23个区，由内城向外城扩展。内城即老城。内城中

奥地利维也纳段的多瑙河

伊莉莎白女皇，被称为茜茜。

弗兰茨·约瑟夫一世皇帝

奥地利维也纳卡尔教堂旁边的雅典娜雕像

以斯蒂芬教堂为中心，这一地区素有"维也纳的心脏"之称。内城与外城之间是内环路和外环路。外城由旧郊区和一条玉带般的多瑙河组成。

□**圣斯蒂芬大教堂** 欧洲主要的哥特式建筑物之一。在12世纪罗马式建筑的残基上重建，始于14世纪早期，延续了一个半世纪。北面钟楼从未完工，1556～1587年间被覆盖上文艺复兴式的穹顶作为结束。第二次世界大战期间大教堂再次被焚，部分被毁，但是此后即被修复。20吨重的大钟是由1711年夺得的土耳其大炮铸成，后又重铸，在它吊装时还举行了隆重的仪式。

□**皇宫综合建筑群霍夫堡** 沿环城大道排列，包括各个时代和各种风格的许多建筑物和几个庭院。最古老的建筑物可追溯到13世纪，最近者则建于19世纪末。里面收藏着神圣罗马帝国和奥地利帝国的皇室宝物，还设有奥地利国家图书馆、阿贝尔蒂纳

和其他一些博物馆以及一所西班牙骑术学校。附近有枢密大法宫法院(1716～1721年)，在拿破仑战争之后，维也纳国会即在此举行。

□**国家歌剧院** 始建于1861年。是一座古罗马式建筑。呈方形。正面高大的门楼有5个拱形大门，楼上有5个拱形窗户，窗户里立着5尊歌剧女神的青铜雕像，分别代表剧中英雄主义、戏剧、想象、艺术和爱情。在门楼顶上的两边矗立着骑在天马上的戏剧之神的青铜塑像，是维也纳戏剧发展的象征。1869年上演莫扎特的歌剧《唐·乔万尼》，标志着歌剧院正式营业。威尔第和瓦格纳都曾在这里指挥过。

小斯特劳斯雕塑

在布拉格广场翩翩起舞的青年男女

奥地利维也纳多彩的昏达瓦舍屋窗户

皇宫综合建筑群霍夫堡

比利时布鲁塞尔大广场上17世纪的行会建筑物

□布鲁塞尔大广场

荷　兰

比利时

总面积：32 820平方千米

人口
◎　1 000 000 以上
◎　100 000 以上
◉　50 000 以上
●　10 000 以上

海拔
500米
200米
海平面

北

0　　　　40 千米
0　　　　40 英里

法　国

德　国

卢　森　堡

国

□布鲁塞尔大广场

布鲁塞尔大广场位于比利时王国的首都布鲁塞尔市中心。始建于12世纪，是欧洲最美的广场之一。占地近4000平方米，用花岗石铺就。环广场的建筑物多为中世纪所建的哥特式、文艺复兴式、路易十四式等建筑形式。其建筑风格各异，使人有宛如置身于中世纪之感。现今是布鲁塞尔全市的活动中心。

□天鹅餐厅　位于广场一侧。为一座5层的建筑物。因门上饰有一只振翅欲飞的白天鹅而得名。

一幅绘有骑在马背上的查尔斯五世的油画

1845年2月，马克思由巴黎迁居布鲁塞尔在此居住。同年4月，恩格斯也从巴黎迁来与马克思相晤。从此，天鹅餐厅成为创建共产主义委员会和德意志工人协会的重要活动场所。著名的《哲学的贫困》和《共产党宣言》也于此问世。与天鹅餐厅左侧毗邻的建筑曾是法国著名作家维克多·雨果的公寓。

布鲁塞尔大广场附近的独轮车大厦标志，此大厦建于1644年。

布鲁塞尔大广场集中了欧洲最负盛名的建筑群。有15世纪的市政府大厦、商会总行、圣母教堂（12~16世纪）。王室地区周围有新古典主义的城市建筑群，有约瑟夫·普埃拉埃里特设计的法院纪念堂、奥拉达建筑大厦。众多博物馆中包括王室博物馆、现代艺术博物院及历史艺术博物馆。图为布鲁塞尔市的中心大广场夜景。

布鲁塞尔得益于地理位置和社会环境，13世纪时获得了突飞猛进的发展。在1430年勃艮第地区布拉班特会议结束后，这里成为荷兰的重要城市。1830年布鲁塞尔成为比利时独立王朝的首都。图为比利时首都布鲁塞尔的纪念拱门。

广场的历史

1221年文献记载首次提及广场边的商行。1401年开始在大广场边建造布鲁塞尔城的旅馆、市政厅。1430年，在好人腓力统治时期，布鲁塞尔成为勃艮第人的首都。1477～1713年，哈布斯堡统治布鲁塞尔和南尼德兰。1549年卡尔五世进占布鲁塞尔。1568年，反对西班牙的起义后，腓力二世在大广场处决了埃格蒙特·拉莫拉特伯爵和霍恩伯爵。1695年法国军队包围布鲁塞尔，并用炸弹炸毁大广场。1830年在一次人民起义后，比利时获得独立，从此布鲁塞尔成为比利时王国的首都。

□**市政厅** 位于大广场的右侧，典型的古代弗兰德哥特式建筑，始建于1402年。其上建有厅塔，高约91米，塔顶塑有一尊高5米的布鲁塞尔城的守护神——圣米歇尔的雕像。造型宏伟，空灵高耸，引人注目。厅内装修考究，天花板上绘制的图案更是美妙绝伦。走廊里是五彩缤纷的壁画，有比利时的君主像，有西班牙、荷兰、法国国王的画像。

1830年布鲁塞尔革命期间，荷兰及匈牙利骑兵被击退。

布鲁塞尔拉肯的皇家温室，有宽敞巨大的玻璃天棚。

布鲁塞尔市大广场附近的圣于贝尔陈列长廊

布鲁塞尔市圣西尔饭店正面的铸铁阳台

比利时著名建筑师奥太设计的新艺术风格的窗户

布鲁塞尔大广场附近的城市饭店正面的装饰，建成于1903年。

布鲁塞尔大广场的鲜花地毯

(1)亨德森岛

位于英国的皮特克恩群岛，面积 37 平方千米。因没有受到人类活动的影响，所以岛上保持着完整的原始状态。植物种类繁多。这里的动物主要是鸟类。珍稀动物有亨德森秧鸡、紫红色的亨德森鸽子、亨德森鹦鹉等。(图为岛上生活的亨德森秧鸡)

(2)圣基尔达岛

位于英国苏格兰的外赫布里底群岛，距苏格兰大陆 180 千米。这里是火山岛群。岛上分布的古迹表明，早在 2000 多年前这里就有人类居住。圣基尔达岛栖息着庞大的鸟群。塘鹅是北大西洋上最大的海鸟。另外，这里还生活着欧洲最古老的家畜羊驼的后代——野生羊驼。(图为圣基尔达岛及岛上的海鸟群)

□ "巨人之路"和"巨人之路"海岸

(3)圭内斯地区与爱德华一世有关的城堡

位于英国威尔士北部，建于公元 13～14 世纪末，是英格兰国王爱德华一世征服圭内斯后建筑的。这些城堡是当时欧洲军事建筑的典范。城堡有 4 座：博马利斯城堡、卡那封城堡、康韦城堡、哈里克城堡。(图为卡那封城堡)

(4)乔治铁桥区

位于英国什罗普发地区。什罗斯发区曾经是公元 18 世纪的英国工业区。这个地区最著名的建筑之一是乔治铁桥，包括 5 个景点：煤山，是公元 18 世纪工业革命的起点，是最早使用炼焦技术的地区；铁桥区，是公元 18 世纪采矿和冶金活动区；草河谷，有矿井和高炉，也是采矿和炼铁活动区；杰克山庄，以采煤、开发瓷土和搬运业为主；煤港，瓷器产地。(图为乔治铁桥)

(5)方廷斯修道院、种马场皇家公园

位于英国的北约克郡，是一座维多利亚式园林。园内建筑有圣玛利亚教堂、方廷斯小城堡、花园和水渠等。最著名的建筑是方廷斯修道院。(图为方廷斯修道院遗迹)

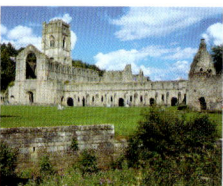

(6)果夫岛野生生物保护区

位于英国南部的大西洋上，面积 65 平方千米，是一座在 2.2 亿年前的火山喷发中形成的火山岛，主要是由玄武岩和粗面岩组成。属于典型的海洋性气候，降雨量大，湿度大，风力强。岛上的植物都是能适应海洋性气候的植物。岛上有种类、数量众多的鸟类，其中巨颊鸟是岛上特有的。岛附近海域里有著名的海洋哺乳类动物——澳大利亚白腹海豚。(图为澳大利亚白腹海豚)

(7)汉德里安防御城墙

位于英国的坎布里亚、诺森伯兰和泰恩—威尔。建于公元122年，是汉德里安皇帝下令修建的。东起沃尔森德，西到索尔韦的鲍尼斯，全长约117千米，包括驿站。要塞、城堡等，是军事防御系统的主要部分。(图为伊尔新河的城墙)

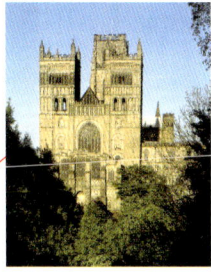

(8)达勒姆城堡和大教堂

位于英国的达勒姆郡。达勒姆城堡是中世纪欧洲最著名的城市之一，也是军事要地。达勒姆城堡是为扼守要道而建的。大教堂是为安葬曾在诺森勃兰传教的圣卡斯伯勒和圣贝达而建的。(图为达勒姆大教堂)

(9)布莱尼姆宫

位于英国的牛津郡。始建于1704年，是为了纪念英国在多瑙河沿岸的布莱尼姆战胜法国军队而建的。宫殿于1720年竣工。布莱尼姆宫融合法国巴黎凡尔赛宫及意大利建筑风格，创造了独特的布莱尼姆宫造型。

(10)格林尼治海岸地区

位于英国东南部。这里有詹姆斯一世皇后建造的宫殿，始建于1616年，1638年竣工。它经历了英国的都铎王朝和斯图亚特王朝。是英国最早的古典式建筑。(图为詹姆斯一世皇后建造的宫殿)

(11)坎特伯雷大教堂及其教区建筑

位于英国的肯特郡。坎特伯雷大教堂是公元11世纪在一座小教堂的基础上扩建的。教区其他建筑是以后陆续增建的。小教堂建于罗马帝国时期，已有1500年的历史。从那时起，它就是主要朝圣地之一。(图为坎特伯雷大教堂)

英国

总面积：603 700 平方千米

人口

■ 5 000 000 以上
◉ 500 000 以上
◎ 100 000 以上
⊙ 50 000 以上
● 10 000 以上
○ 10 000 以下

□ 爱丁堡的旧城区和新城区

□ 巴斯城

□ 伦敦塔

□ 威斯敏斯特宫、威斯敏斯特大教堂、圣玛格丽特教堂

□ 巨石阵、埃夫伯里及周围的巨石遗迹

□巨石阵、埃夫伯里及周围的巨石遗迹

巨石阵、埃夫伯里及周围的巨石遗迹位于英国的威尔士郡。巨石阵、埃夫伯里是两座由巨大的青石柱构成的石碑圈组成的神庙，石柱的组合顺序与某种天象有关。

□**埃夫伯里**　埃夫伯里的巨石阵估计是由247块砖筑成的，内外两个圈。圈内有5座门状塔，外圈外是一条约2.1米宽的大沟渠。这些石头不同于巨石阵的石头，没有经过专门的雕琢。

□**埃夫伯里巨石遗迹**　埃夫伯里巨石遗迹坐落在"巨石阵"以北30千米处。它是欧洲最大的古石碑圈。最外层石圈由100根青石柱组成，周长1300米，圈内有两个相切的小圆圈。这里也被称为巨石俱乐部。

埃夫伯里的巨石阵群的青石柱

"巨人之路"：5500万年前，作为地球发展史的重要例证。

巨石阵

巨石阵建于公元前3100年~前1100年。它由数根巨大的石柱排列成一系列完整的同心圆组成，圆形柱上部还架着楣石。巨石阵的建造是一项历时千年之久的伟大工程。巨大的青石柱有的重达500吨。这些石料分别是从30千米至200千米之外的地方运来。有人说巨石阵是太阳神庙；有的说是祭坛；有的说是陵墓；还有的说是观象台，种种说法不一。古老的巨石阵以它的巍峨和神秘向后人展示着先人的智慧和才能。

□ "巨人之路"和"巨人之路"海岸

　　"巨人之路"和"巨人之路"海岸位于英国北爱尔兰的安特里姆郡北海岸。"巨人之路"是一道通向大海的巨大的天然阶梯，由一条条顶部切割整齐的石柱组成，为罕见的自然奇观。石柱呈三角形，坚固地深埋于海岸之上，紧密地挤在一起。"巨人之路"海岸，在苏崴海角和海湾之间，长约6000米，包括低潮区、峭壁，以及通向峭壁顶端的道路和一块平地。峭壁平均高度为100米。"巨人之路"和"巨人之路"海岸形成于白垩纪末，那时北大西洋开始裂开，北美大陆与亚欧大陆分离，地壳运动剧烈，火山喷发频繁。5000万年前的火山运动使一股股玄武岩熔流从裂隙的地壳涌出。随着灼热的熔岩逐渐冷却收缩、结晶，开始爆裂成规则的图案，通常呈实心六角柱状，约有4万根，每一根的直径都在45厘米左右。"巨人之路"就是由这些六角柱组成的，延续约6000米。大量的石柱排列在一起，形成壮观的石柱林，气势磅礴。熔岩经五六次溢出，形成峭壁的多层次结构，这就是"巨人之路"海岸峭壁的成因。

公元前3000年的英格兰巨石阵，高达30米。

"巨人之路"

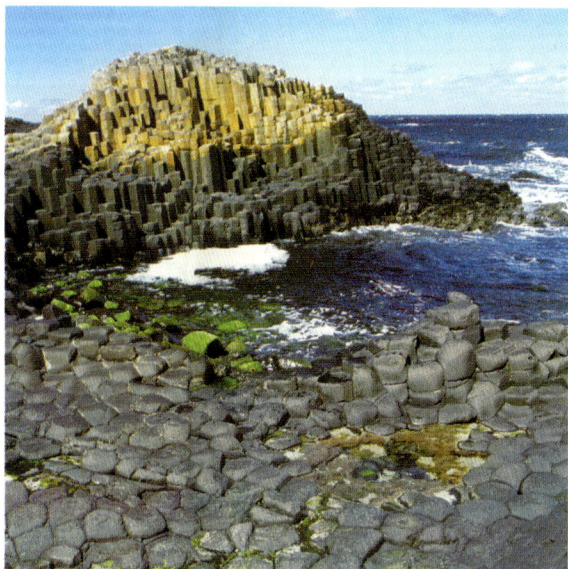

185

□巴斯城

巴斯城位于英国的埃文郡。坐落在科茨尔德丘陵的南部，临近埃文河，居于群山环绕的圆形凹地中，面积28平方千米，始建于公元8世纪。这里的温泉据说有治病功能，因此成为疗养、游览胜地。

□**建筑特色** 巴斯城有几千座古老的建筑，这些建筑各具特色，已被国家列为保护对象。其中最著名的是罗马神庙、浴场、大教堂和大泵房。

□**罗马神庙** 罗马神庙建于公元1世纪，坐落在市中心，是供奉智慧女神的神庙。

□**大教堂** 大教堂始建于1499年，是哥特式建筑。教堂里建有多边形的塔楼，塔楼顶部还建有小尖塔。

18世纪新古典主义城市

554年建造。577年被萨克森人占领，改名为阿克曼西斯特。676年建造第一个女修道院。1090~1244年威尔斯主教的官邸。1107年建造诺曼的主教教堂。1499年修道院教堂开工建造。1616年修道院教堂落成典礼。1755年罗马海滨浴场被重新发现。1758年"国王圆形广场"住宅完工。1767~1774年建造"皇家新月广场"。1770年建造帕尔尼大桥。1789~1792年建造兰斯道新月广场。1790~1795年建造巴斯矿泉水饮用室。1942年遭德国空袭。

英国巴斯城出土的古罗马智慧女神密涅瓦的青铜头像。

英国巴斯市的罗马浴室（建于1世纪），上方是一座哥特式城大教堂。

英国巴斯城闻名于欧洲的温泉，由火山造成。

英国巴斯城的水泵房，具有伊奥尼亚式柱廊，建于18世纪。

英国巴斯城出土的希腊神话中的怪物默杜萨的浮雕(3世纪)

英国巴斯城埃文河上的普尔特尼大桥，建于1769～1774年。

□威斯敏斯特宫、威斯敏斯特大教堂、圣玛格丽特教堂

威斯敏斯特宫、威斯敏斯特大教堂、圣玛格丽特教堂位于英国首都伦敦。威斯敏斯特宫是英国最高立法机构——国会上、下两院的所在地,故也称议会大厦,是世界上最大的哥特式建筑。威斯敏斯特大教堂是历代英国国王或女王举行加冕典礼和王室成员举行婚礼的地方。圣玛格丽特教堂是教区教堂。这是英国三座著名的历史建筑物。

□**威斯敏斯特宫**　威斯敏斯特宫在公元750年是教堂。11世纪末,爱德华一世在附近建了一座宫殿,并从13世纪起成为议会的象征。现在的威斯敏斯特宫是1950年重建的,它的规模扩大了许多。它坐落在泰晤士河畔,南北竖卧,正门朝南。宫殿大楼是主体建筑,前后共3排,长达300米;两端和中间由7座横楼相连,使3座大厦形成了一个整体。宫殿正中是八角形的中厅,中厅向南是上议院,向北是下议院。宫殿南端的维多利亚塔高102米,北端的

有1100多个房间的威斯敏斯特宫(议会大厦)

身着传统服装的英国男子在集会表演

威斯敏斯特大教堂

钟楼高96米,中厅上的采光塔高91米。宫殿的著名钟楼大本钟的长针长4.25米,短针长2.75米。宫廷大楼的外形是两层狭长的窗户,屋顶是镏金的新哥特式塔尖,直冲云霄,气势非凡。威斯敏斯特宫上议院的议厅呈长方形,长27.5米,宽14米,红色装

威斯敏斯特宫及大本钟

大英帝国君王的加冕地点

7~8世纪在今日威斯敏斯特修道院的地方建造教堂。1050年拥护者爱德华委托新建教堂和修道院。1066年12月25日，征服者威廉在尚未竣工的修道院加冕。1245年开始建造今日尚存的威斯敏斯特修道院教堂。1540年威斯敏斯特修道院改作为大教堂用。1556年恢复玛丽亚一世时期的老状态。1649年卡尔一世在威斯敏斯特大厅被判处死刑。19世纪圣玛格丽特教堂彻底改建成新哥特式风格。1834年威斯敏斯特宫殿区失火。1840~1860年建造新哥特式的英国下议院和英国上议院。1858年"大本钟"竣工。1940年5月由于德国空袭，英国下议院遭到严重破坏。1953年伊丽莎白二世在威斯敏斯特修道院加冕。

英国威廉·皮特在下议院(1723年)

威斯敏斯特大教堂内部

潢。下议院议事厅也是长方形，长23米，宽14米，绿色装潢。宫内有1100多个房间。长廊长3200米。这座雄伟庞大的建筑，是英国的政治中心。

□**威斯敏斯特大教堂** 威斯敏斯特大教堂是一座新哥特式的建筑。教堂平面呈拉丁十字型，总长156米，宽22米。钟楼高68.5米，东边是多边形的凸室和呈放射状的礼拜室和活动室。教堂内部的装饰精致华丽。教堂也是牛顿、莎士比亚、丘吉尔等知名人士的墓地，被英国人视为荣誉的象征。

□伦敦塔

伦敦塔位于英国伦敦泰晤士河北岸、伦敦城东南角的塔山上。始建于公元11世纪，已有900多年的历史，是一座用来防卫和控制伦敦城的城堡式建筑。伦敦塔既是坚固的要塞，又是富丽堂皇的宫殿，也是议事厅、天文台、教堂、造币厂、监狱。伦敦塔在英国王室中的地位非常重要，国王加冕前必须住在伦敦塔。伦敦塔还是一座著名的监狱，英国历史上有不少王公贵族和政界名人都曾关押在这里。

□**建筑特色**　伦敦塔有内外两道防御墙。外部墙的外沿以一道沟堑形成一道屏障。墙可以作掩体，

伦敦塔是到伦敦旅游游客的一必到景点、远处就是连接南北岸的伦敦塔桥。

诺曼底塔楼前的大炮

沿墙建有6座碉堡，东北和西北为圆形的棱堡。内墙沿墙设有13座碉堡，碉堡凸在墙外，构成第二道屏障。伦敦塔戒备森严。在整个要塞西南角的外城墙设有一道水门，是要塞唯一的入口处。整个建筑的主体是白色的诺曼底塔楼，始建于1078年，塔楼高

伦敦塔位于英国伦敦泰晤士河北岸、伦敦城东南角的塔山上。

伦敦塔内白色的诺曼底塔楼，有塔楼前的大炮，还有身着当时服装的伦敦塔守卫。

伦敦塔楼与王冠宝石上的珠宝屋

1066～1087年征服者威廉统治时期，在旧的罗马城墙旁建造白塔。1216～1272年亨利三世统治时期修筑内围墙。1275～1285年爱德华一世(1272～1307年)统治时期，向西、北和东扩建防御设施。1307年放弃作为王宫的韦克菲尔德塔楼。1532年为安妮·博林——亨利八世的第二任妻子举行加冕庆典，改建圣托马斯塔楼。1536年安妮·博林被处死。1641年康斯特布尔塔楼用作监狱。1774年灯笼塔楼毁于火灾。1834年城堡壕沟排水。1941年鲁多尔夫·赫斯——阿道夫·希特勒的副手，成了女王的俘虏。

伦敦塔要塞西南角的
外城墙的水门

27.4米，东西长35.9米，南北宽32.6米，下部墙厚4.6米，上部墙厚3.3米。塔楼的四角各建有一座高塔，一座圆形，三座方形。塔楼是三层建筑，设有大堂、会议厅、会客厅、寝宫、教堂等。整座建筑仿佛是一座巨型堡垒。

爱德华一世在英国上
议院(13世纪)

公元11世纪的欧洲骑士

□爱丁堡的旧城区和新城区

　　爱丁堡的旧城区和新城区位于英国苏格兰的爱丁堡。中世纪城堡统治的老城和18世纪新古典主义的新城。苏格兰首府分为新旧两个城区,建有不同风格的建筑。

　　1057~1093年,在国王马尔科姆三世肯莫勒统治下,修造一个城堡建筑。约1090年,建造城堡的圣玛格丽特小教堂。1128年建造耶稣受难十字架大修道院。1387~1495年建造圣伊莱斯大教堂。约1500年开始建造耶稣受难十字架屋。1544年和1547年亨利八世的军队破坏城市。1568~1571年英格兰军队徒劳地包围城堡。1631年建设格莱斯顿地区。1767年詹姆士·克雷格进行第一个新城的规划。1791年建造夏洛特广场。

英国爱丁堡的中心普林斯街,街道两侧布满了名胜古迹。

　　□**旧城区**　　旧城区以爱丁城堡到圣鲁德宫之间的一条长约600米的王宫路为中轴线,建筑分布在这条路的周围。主要有圣玛格丽特教堂、爱丁城堡等。旧城区还有一座座紧密相连的、狭长而高耸的楼层,最高的10层,是今天摩天大楼的雏形。

　　□**圣玛格丽特教堂**　　建于公元11世纪末,是苏格兰最古老的教堂,也是城中最古老的罗马式建筑。

夜幕下的爱丁堡城区

著名的爱丁堡城堡，耸立在海拔130多米的死火山岩顶上。

□**爱丁城堡**　爱丁堡是宫殿式城堡建筑。曾经被用作王宫、城塞、宝库、兵营、监狱，现在大部分被用作军事博物馆。

□**新城区**　新城区规划整齐，建筑精美，以乔治大街为中心轴。最具代表性的街道有乔治大街、女王大街、王子大街、卡斯特大街。其中最具代表性的是都市古典派建筑的杰作——夏洛特广场。

卢森堡

总面积: 2586 平方千米

人口
- ⊙ 50 000 以上
- ⊙ 10 000 以上
- ⊙ 10 000 以下

海拔

500 米
200 米
海平面

北

0   10千米
0   10英里

□ 卢森堡中世纪要塞城市遗址

□卢森堡中世纪要塞城市遗址

卢森堡中世纪要塞城市遗址位于卢森堡首都卢森堡中部。卢森堡市地处砂岩高原,阿尔泽特河及其支流佩特吕塞河蜿蜒穿流高原形成一道道深谷。阿尔泽特河湾里有一个称作博克的岩岬,为天然屏障。罗马人和法兰克人先后在岩岬修筑要塞或称城堡,后来在要塞周围建设了中世纪的城镇。963年,阿登伯爵齐格弗里德购买该城堡,标志着卢森堡开始成为独立的实体。卢森堡一名源自该城堡之古名卢奇林博胡克("小堡垒")。老城堡高处有雄伟的大公宫殿(1572年)、市政厅(1830～1838年)和哥特式建筑圣母大教堂。古老的城堡先后经西班牙人、奥地利人、法国人和荷兰人的精心整修,成为仅次于直布罗陀的欧洲最坚固的要塞。14世纪后的400年间,卢森堡城一直是欧洲列强争夺的目标,多次遭到破坏。1554年6月11日,卢森堡在几小时内几乎全被大火烧毁,现存的主要建筑遗迹是一条25米长的地道,这条地道是从坚硬的岩石壁内开凿出来的,是这个要塞城市最有代表性的历史遗迹。

欧洲4个多世纪里最大的军事要塞

963年齐格弗里德一世在博克岩上建堡。14世纪筑文策尔墙。1443年被勃艮第人占领。17世纪被路易十四的部队占领,扩建要塞。1726～1740年,在奥地利统治下建造掩体群。1794～1795年被法国革命军攻占、吞并。1839年宣布独立。1867～1883年要塞拆除。1933年起,佩特吕塞掩体群向游客开放。

卢森堡城的历史可以追溯到公元963年

卢森堡的阿尔泽特河及其支流佩特吕塞河蜿蜒穿过高原形成一道道深谷。

卢森堡古镇

(1)亚眠大教堂

　　位于法国索姆省亚眠市索姆河畔，建于1220年，是哥特式建筑顶峰期建造的大教堂。大教堂正门雕塑的是《最后的审判》，北门雕塑的是《殉道者》，南门雕塑的是《圣母生平》。这一组组雕像被称为"亚眠圣经"，是雕刻中的精品。

法国

总面积：551 602平方千米

人口
◉ 1 000 000 以上
◎ 100 000 以上
⊙ 50 000 以上
● 10 000 以上

□兰斯的圣玛利亚大教堂、圣雷米修道院和塔乌宫

□巴黎的塞纳河沿岸

□凡尔赛宫和园林

□圣米歇尔山和海湾

□枫丹白露的宫殿和园林

□沙特尔大教堂

(2)尚博尔城堡

　　位于法国中部尚博尔市卢瓦尔河左岸5000米处的科松镇。面积52平方千米，始建于1529年，是弗朗索瓦一世修建的，后成为布卢瓦伯爵的狩猎场。

(3)圣塞文－梭尔－加尔坦佩教堂

　　位于法国的维纳纳省，始建于公元9世纪初，公元16世纪末被毁，公元17世纪中期重建，教堂是一座长方形建筑，长76米，由1座大殿、1座塔楼、1座十字堂、1座唱诗台组成。

(4)布尔日大教堂

　　于1992年列入世界遗产，位于中部，建于公元12～13世纪。几座塔楼环绕着主体，其精美的造型连接，雕塑与彩色玻璃格外引人注目。整个教堂设计精致，造型独特，是哥特式建筑的代表作。

□韦泽尔峡谷岩洞群

(5)南运河

　　位于法国的上加农省、奥德省、埃罗省，由一条主干流和4条支流构成，总长360千米，始建于1666年，历时15年，直到1681年才宣告完成，最著名的建筑是圣费雷奥尔大坝，屹立在戈尔河上，雄伟壮观，是当时欧洲最大的土木工程。（图为南运河水道）

□卡尔卡松历史城墙都市

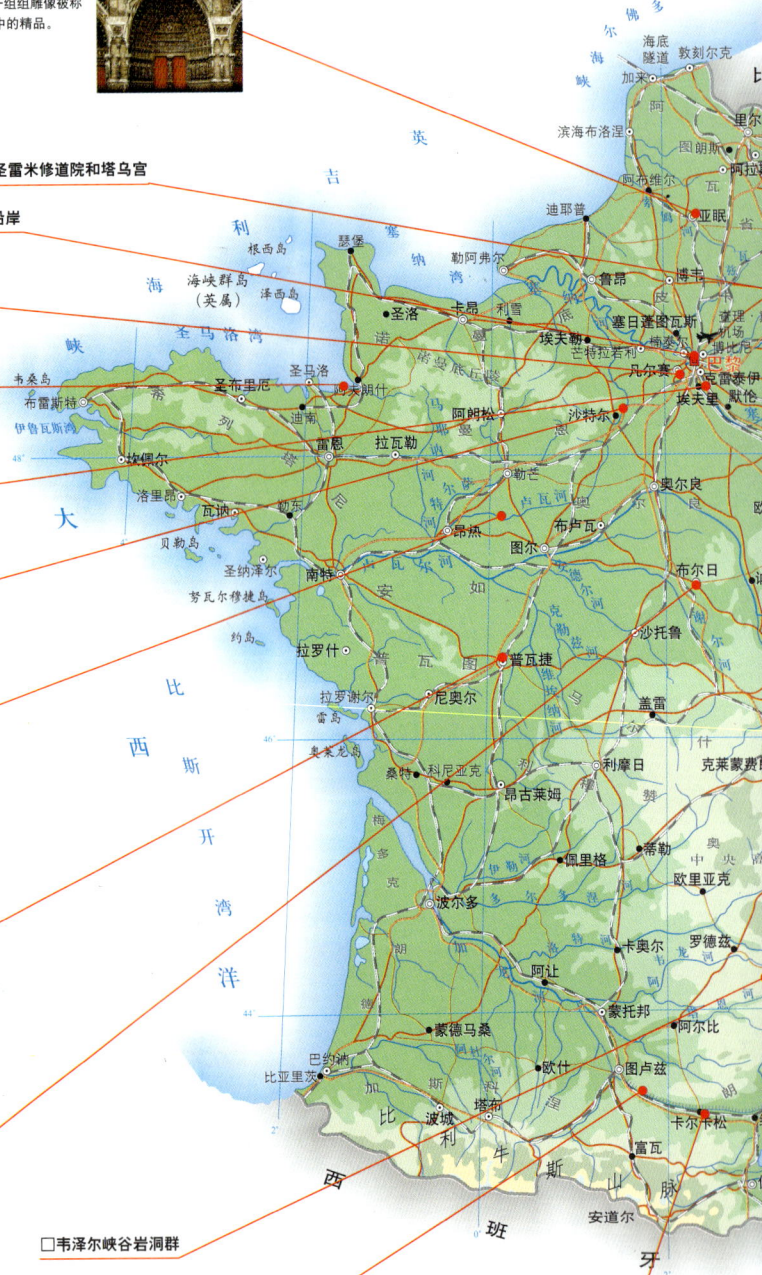

(6)斯坦尼斯拉斯广场、卡里尔广场和阿莱昂斯广场

位于法国南锡市莱茵河支流摩泽尔河与马恩－莱茵运河交汇处。建于公元18世纪的美丽的小城。斯坦尼斯拉斯广场呈长方形，长120米，宽105米。另一侧就是卡里尔广场，两座广场旁边就是方形的阿莱昂斯广场。(图为斯坦尼斯拉斯广场的铁栅栏，建于1758年)

(7)斯特拉斯堡

位于法国东北部的下莱茵省。地处伊尔河的一座小岛上，邻近德国。公元前15年被罗马人建成一座军事要塞。公元5世纪，法兰克人又在这里建筑城堡，并逐步发展成为欧洲重要的文化中心之一。(图为斯特拉斯堡的阁楼古建筑)

(8)丰特奈的西多会修道院

位于法国的科多尔省，始建于1119年。由教堂、接待室、回廊、餐厅、面包房、锻造作坊等建筑组成，是一座相对封闭、自给自足的建筑群。(图为修道院内的回廊)

(9)阿尔克－塞南皇家盐矿

位于法国杜省，建于1776年。建成投产后，由于经营状况不佳，1846年被拍卖给西班牙一家公司。1927年，杜省又重新将它买回。阿尔克－塞南皇家盐矿外表漂亮、精致，是法国有很高艺术价值的工业建筑之一。(图为阿尔克－塞南皇家盐矿的经理楼)

(10)韦泽莱大教堂

位于法国勒艮第地区库尔河畔的小山上，始建于1120年。它的历史与建于9世纪的本笃会隐修院密切相关。据传为躲避穆斯林军队，默达拉的圣玛利亚在此隐修并有遗骸葬此，引得大批信徒前来朝圣。(图为大教堂内部正门上方的雕刻，雕有耶稣和众使徒，建于约1125年)

(11)奥朗日古罗马剧场和凯旋门

位于法国沃克吕兹省奥朗日市。奥朗日罗马剧场始建于公元1世纪的奥古斯都王朝，是法国保存最完好的古罗马大剧场之一。奥朗日的凯旋门建在城北的亚格里帕大道上，是奥古斯都王朝最壮观的乡间凯旋门。(图为奥朗日古罗马剧场)

(12)阿尔勒城的古罗马建筑和罗马式建筑

位于法国的阿尔勒市。阿尔勒在公元1世纪奥古斯都王朝时期就十分繁荣，到公元4世纪达到顶峰，现存的古罗马建筑有竞技场、剧场、大浴室和大教堂等。(图为竞技场外观)

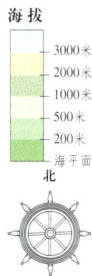

□ 阿维尼翁历史中心

(14)加尔桥

位于法国加尔省。法国南部加尔河的巨大高架渠是著名的古罗马工程，大约建于公元前19世纪，用以向尼姆城输水。5世纪时遭到破坏，1743年得以修复。后来沿着桥基结构又增加一座公路桥。

(13)基罗拉塔湾、波尔多湾和岩石海岸自然保护区

位于法国上科西嘉和南科西嘉地区，面积120平方千米，海上面积42平方千米。保护区内生长着种类繁多的海洋植物和动物。(图为岩石海岸自然保护区)

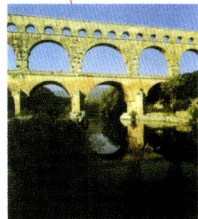

海拔

3000米
2000米
1000米
500米
200米
海平面

北

0   100 千米
0   100 英里

□圣米歇尔山和海湾

圣米歇尔山和海湾位于法国诺曼底海岸外2000米的大海上，面对英吉利海峡。小岛呈圆锥形，底部周长900米左右，山头高出海面约78米。四周的沙滩在潮水中若隐若现，景色迷人。公元8世纪初，一位叫米歇尔的神父在小岛重修了圣米歇尔修道院。1017年在大公理查德二世的倡导下，扩建了圣米歇尔修道院。1203年，在小岛北边又修建了6座建筑

天使的宝塔

关于圣米歇尔山修道院，基督教有一则美丽的传说：大天使于公元708年授权阿夫朗什的大主教——神圣的奥伯特，在露出海面的锥形花岗岩山峰上建造一座小教堂。斗转星移，沧桑巨变，两个世纪后，矗立在这里的不是一座小教堂，而是一座气势恢弘的修道院。709年建起一座小教堂。10世纪建立本笃会修士的修道院。1022～1135年修建道院教堂。1203～1288年，修建道院建筑群及十字形回廊。13～15世纪加固扩建成要塞。15世纪哥特式建筑风格的火焰形修道院圣坛。1810～1863年建监狱。1874年，进行文物保护。1879年，用堤坝与大陆连接起来。从1969年起重新恢复修道院的宗教活动。

修道院的十字回廊诞生于1225～1228年

物。1658年建造成为国家监狱。1811年，拿破仑将它改为博物馆。1874年岛上建筑物开始修复，1875年又修建了一条长达1600米左右的海堤，并修建了一座木桥，把陆地和孤岛连接起来。从此，圣米歇尔山再次成为成千上万教徒虔诚朝拜祈祷的圣地。

□**建筑特色**　圣米歇尔山四周都是悬崖峭壁，攀登十分困难。屹立在山顶上的圣米歇尔修道院及其他建筑犹如从山上长出来一般，与山石浑然一体，煞

法国圣米歇尔山修道院内精致的浮雕

法国圣米歇尔山修道院大教堂的中殿及其拱扶垛

是神奇。修道院建于1446年，钟楼的楼尖直刺云天，是哥特式建筑。修道院周围还有教堂、花园、柱廊和堡垒等。这些建筑是这个岛上最主要的名胜古迹。

由于修建了长堤，修道院
每月只被大海环绕两次。

法国厄尔·卢瓦尔省

□沙特尔大教堂

沙特尔大教堂位于法国沙特尔市的一座小山丘上，是法国四大哥特式教堂之一，始建于公元9世纪，后经自然变故而毁坏，公元13世纪又重建。南北两座钟楼建于公元12世纪。16世纪又增建了火焰式镂空尖塔与祭台和中殿之间的祭廊。

□**建筑特色** 大教堂深130.2米，宽16.4米，拱顶高达36.5米。教堂的3座圣殿分别与3座大门相通，象征耶稣不同时期的生活。教堂正门是一座尖拱的大门。教堂两面有两个尖塔，构造精巧。

崇拜圣母

坐落在山丘上的著名的圣地教堂，高耸在一座古老的圣庙中。祭廊上绘有耶稣与圣母玛利亚生平的浮雕，这是许多教堂所没有的浮雕壁画。直至凯尔特·罗马的古代文化晚期，备受土著卡尔努特人崇拜的女神开始更改了名字，更确切地说，开始被称为"圣母"。1194年，在昔日大教堂的基础上新建教堂，1260年路易九世亲临落成仪式。1507年，雷电击毁了北尖塔，后重新修复。1594年亨利四世加冕。1836年大火烧毁了铅制的屋架。1840年用生铁制屋架，屋顶由铜绿色的铜制成。

作为哥特式建筑艺术的杰作，沙特尔大教堂的线条是如此活泼强劲地直插天空。教堂内有基督教最宝贵的一件遗物，至今仍受到无数朝圣者的崇拜——圣母的衣服。

法国沙特尔大教堂中的所罗门王
和萨巴王后雕像(13世纪初)

上图为沙特尔大教堂南北两座钟楼建于公元12世纪。下图为沙特尔大教堂的建筑装饰。

□凡尔赛宫和园林

凡尔赛宫和园林位于法国首都巴黎西郊15千米处的凡尔赛镇，面积1.11平方千米，其中建筑面积0.11平方千米，园林面积1平方千米。它是17世纪专制王权的象征，也是法国古典主义艺术最杰出的典范。1919年6月28日，现代历史上著名的《凡尔赛和约》在凡尔赛宫签署，标志着第一次世界大战的结束。法兰西第三和第四共和国的总统也是在这里选举产生的。1871年1月18日，威廉一世在此举行加冕典礼，宣布德意志帝国成立。

□**凡尔赛宫** 凡尔赛宫最初是路易十三修建的用于狩猎的行辕，路易十四当政时开始建宫。1661

法兰西斯一世

凡尔赛和约

凡尔赛和约是第一次世界大战结束后，1919年6月28日，协约国与德国在法国凡尔赛宫镜殿签署的和平条约，1920年1月10日生效。1918年10月德国政府请求美国总统威尔逊协调停战时，宣称接受威尔逊提出的十四点和平纲领作为公正和平的基础，但是协约国要求"德国赔偿一切从陆海空入侵协约国对人民及其财产所造成的损失"。另外，英国、法国和意大利与希腊、罗马尼亚以及三国之间在战争最后几年订有秘密条约，从而使关于重新划分领土的争端复杂化。许多历史学家认为苛刻的和约以及后来对其条款的不认真执行，导致了20世纪30年代德国军国主义的兴起。巨额的赔款和战争罪条款在德国埋下了深深的怨懑，当希特勒在1936年违反和约、重新武装侵犯莱茵非军事区时，协约国未能阻止，从而鼓励了德国进一步的侵略。

1919年6月28日，在凡尔赛"镜厅"签署和约。巴黎和会场景。

凡尔赛宫内的宫殿正面有两个大水池，水池周围的大理石围栏上有许多青铜雕像。

凡尔赛宫内的镜厅，是宫殿里连接国王寝宫和王后寝宫的一条长廊，厅内装有许多大镜子以便反射光线。

凡尔赛宫内花园

巴黎凡尔赛宫内的阿波罗池塘，带喷泉的水池中有阿波罗驾车的雕塑。

年开始动工，用了28年时间才得以完成。宫殿主体长达707米，有700多个房间，中间是王宫，两翼是宫室和政府办公处、剧院、教堂等。室内地面、墙壁都用大理石镶嵌，并饰有雕刻、油画等装饰。中部的镜厅是凡尔赛宫不同于其他皇宫的地方，长73米，宽100米，高12.3米。拱顶是勒勃兰的巨幅油画。长廊一侧是17面落地镜，镜子由483块镜片镶嵌而成，将外面的蓝天、绿树都映照出来，别有一番景色。厅内两旁排有罗马皇帝的雕像和古天神的塑像，并有3排挂烛台、32座多支烛台和8座可插150支蜡烛的高烛台，经镜面反射可形成3000支烛台，映照得整个大厅金碧辉煌。

□园林 凡尔赛宫的园林在宫殿西侧，面积有100万平方米，呈几何图形。南北是花坛，中部是水池，人工大运河、瑞士湖贯穿其间。另有大小特里亚农宫及雕像、喷泉、柱廊等建筑和人工景色点缀。放眼望去，跑马道、喷泉、水池、河流，与假山、花坛、草坪、亭台楼阁一起，构成凡尔赛宫园林的美丽景观。

法国画家、设计师勒布朗为凡尔赛宫所作的穹顶装饰。

□韦泽尔峡谷岩洞群

韦泽尔峡谷岩洞群位于法国南部的黑佩里格地区。这里共发现有150个岩洞，据研究是旧石器时代之前人类居住的遗址。有些岩洞用动物装饰，有些用彩绘装饰，展示了古人类的文明。在洞穴壁上，有无数动物画，比如有古美洲野牛、鹿、欧洲野牛、北山羊、猛玛、毛犀科动物、熊和一再出现的马。石窟中还发掘出50件石器和动物骨化石。

法国枫丹白露宫的"法兰西斯一世画郎"上的壁画和装饰

韦泽尔峡谷岩洞群内的野猪和牛壁画

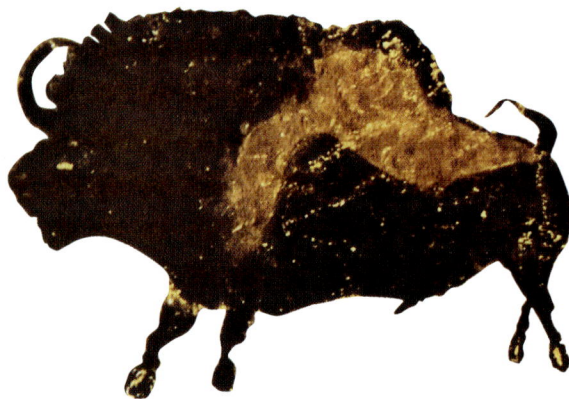

枫丹白露宫

枫丹白露宫殿有13世纪圣·路易时期一座城堡主塔，6个朝代国王修建的王府、5个院落、4座花园。每座建筑都是集国内外建筑界能工巧匠智慧之大成。枫丹白露宫殿尤为著名的是它的室内装饰，它的室内绘画装饰还形成了著名的枫丹白露画派，是法、意两国艺术交融的结晶。雕刻和艺术的结合是枫丹白露的装饰特点，明快的雕刻烘托着色彩暗淡的壁画，增强了立体感。各个厅堂也是雕梁画栋，金碧辉煌，是皇宫中的珍品。

路易十四(1638年，凡尔赛)是法国历史上最辉煌的大帝

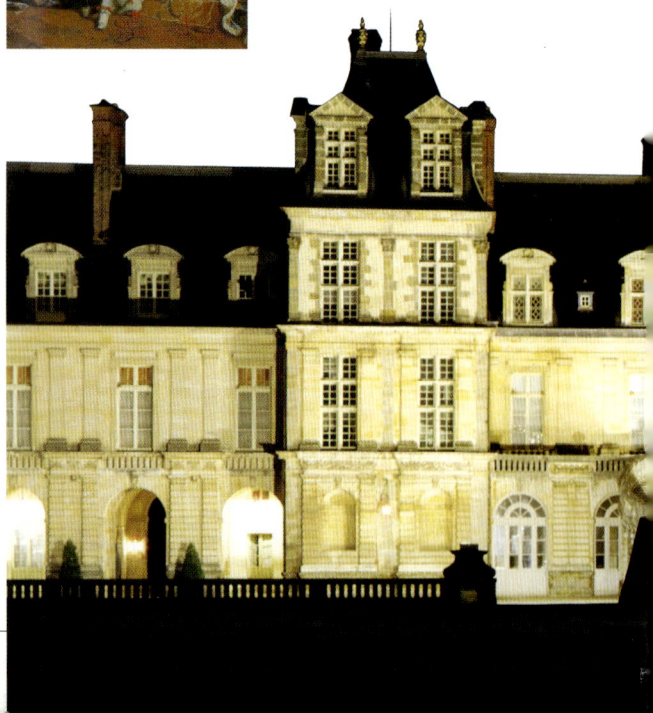

法国历史上最辉煌的一个时期

路易十四(1638～1715年)别名路易大帝。他在位时是法国历史上最辉煌的一个时期，成为古典时代专制君主制的象征。路易十三之子，1643年5月继承父位。他每天工作8小时，非常幸运的是当时法国人才辈出，英杰遍地，路易十四善于利用他们。他是大作家莫里哀和J.拉辛的保护人。在他统治的时代，法国的生活方式，主要城镇结构和山河面貌都有很大变化。

□枫丹白露的宫殿和园林

枫丹白露的宫殿和园林位于法国巴黎以南60千米处的枫丹白露镇。枫丹白露镇位于塞纳河左岸,这里风景优美,气候宜人。枫丹白露的意思是"美泉",因一眼八角清澈小泉而得名。公元1137年,路易六世在泉水旁边修建了一座城堡,他打猎时常在这里休憩。此后,从1528年弗朗西斯一世起,亨利二世、亨利四世、路易十三、十四、十五、十六和拿破仑等历代君王,都把这里当做王宫,并对它做了不同程度的修改和扩建,使宫殿日臻完美和豪华。臣殿建于1504年、路易十五配楼建于1738年,宏大院建于1750年,东面的配楼建于1768年,北面建有弗朗索瓦一世长廊。椭圆院内有圣路易纪念塔、赫梅斯廊、官员院、王子院、拿破仑住宅等建筑。

□园林　　园林位于枫丹白露宫东南,呈方形,面积0.03平方千米。中央地带是蒂布雷池。主要建筑有喷泉、岩洞、长廊、舞厅等。池中有几条石雕狗,蹲卧在狩猎女神狄安娜像四周。园林树木繁茂,多为橡树、桦树等高大树木,遮天蔽日。从高处俯望,宛若一块天然绿毯。园中还有一座小湖,名鲤鱼塘,上边建有一座八角亭,是当年拿破仑宴请大臣的地方。

拿破仑一世在枫丹白露宫与皇帝卫队告别的一幕(1814年4月20日)

伟大的法国皇帝拿破仑

枫丹白露宫殿

□巴黎的塞纳河沿岸

巴黎的塞纳河沿岸位于法国首都巴黎。塞纳河是法国第二大河，是法国河流中流程最短但最负盛名的一条河。它在巴黎市区约有13千米长，然后经鲁昂、勒阿弗尔等城汇入英吉利海峡。巴黎原是塞纳河中的一座小岛，历经千百年的发展而跃升为世界著名的城市。巴黎塞纳河沿岸古迹众多，为游客旅游观光的胜地。

□**建筑特色** 塞纳河右岸主要有国际广场、巴

巴黎圣母院的钟楼兽与塞纳河沿岸，远处是艾菲尔铁塔。

巴黎圣母院是巴黎最大的天主教堂

士底广场、卢浮宫、协和广场、爱丽舍宫、戴高乐广场等名胜；左岸有艾菲尔铁塔；河中西岱岛上有巴黎圣母院；西南部有凡尔赛宫；西北部蒙马特高地上有露天画廊。这些都是世界上声名赫赫的建筑，为世界各国人所向往。

□**艾菲尔铁塔** 艾菲尔铁塔建于1889年，为庆祝法国大革命100周年而建，是巴黎的象征，举世闻名。出于工程和美观上的考虑，塔的底部为四个半圆形拱，因而要求电梯沿曲线上升。玻璃外壳的电梯由美国奥蒂斯电梯公司设计，为该建筑特点之一，使之成为世界上首屈一指的游览点。在1930年纽约克莱斯大厦建成以前，该塔为世界上最高建筑。

□**爱丽舍宫** 建于1718年。曾为皇家宫殿，现为法国总统府，是一座用大理石块砌成的两层楼。主楼的外表虽然朴素无华，但内部的厅堂、廊道却高大宽阔，陈设讲究，处处金碧辉煌。

□**巴黎圣母院** 巴黎圣母院建于1163年。它是巴黎最大、最古老同时也是最出色的天主教堂。建筑占地面积5500平方千米，包括一个唱诗班席和后堂、中堂。中堂的侧面有双侧堂和方形的小礼拜堂。正门向西，共分三层。最底层并排着3个桃花形门洞。

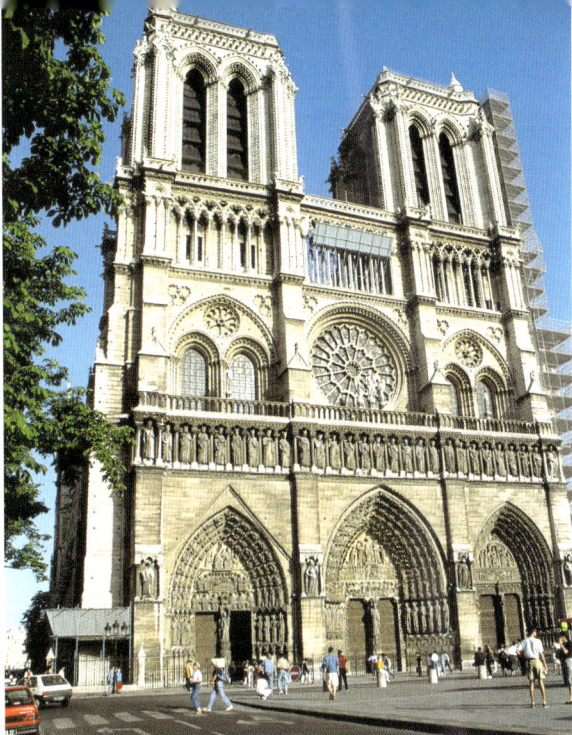

巴黎圣母院正门

还建有南北2座钟楼，各高69米，1330年落成。南钟楼巨钟重达13吨，堪称"钟王"。北钟楼设有一个387级的楼梯直通高达60米的尖塔，较钟塔高出21米，更为引人注目。

巴黎圣母院与作家雨果

　　雨果(1802～1885年)，法国诗人、小说家、剧作家，法国最重要的浪漫主义作家。雨果的父亲是拿破仑军队中一位将军，雨果童年时随军辗转欧洲各地。1822年出版诗集《颂诗集》，1831年《巴黎圣母院》出版，更使雨果声名远扬，为法国、巴黎圣母院增添了神秘的色彩。《静观音》(1856年)后卷诗和未完成的《撒旦的末日》及《上帝》，构成了雨果壮观的哲理史诗的三部曲。《悲惨世界》(1862年)被作者称之为"一部宗教作品"，它的主题是人类同邪恶所作的不懈斗争，全书真实地描绘了人世的浮沉。

从塞纳河看巴黎圣母院

1774年，安吉维耶伯爵被任命为皇家建筑总监，同时也是法兰西科学家院、皇家美术学院和皇家雕塑学院的成员，他主张皇室的卢浮宫应作为博物馆对人民开放。左图画像中，他骄傲地展示大迥廊的设计图，一心一意成立路易十六世博物馆。

巴黎卢浮宫收藏的《萨莫特拉斯的胜利女神》，像高2.75米，系帕里安大理石质地。这无疑是所有古希腊时期雕塑中最重要的作品之一。

文艺复兴时期的卢浮宫

建于1190年。伟大的创建者，卢浮宫之所以改建成王宫，完全是由两位国王所推动：法兰西斯一世和亨利四世，尤其应归功于后者"皇城"的观念，他将两座旧建筑，即卢浮宫和杜勒鹿宫归并成一个壮阔的整体。藏有40多万件艺术珍品，最著名的是米洛斯岛的维纳斯像；二是无头断臂、萨莫特拉斯的胜利女神；三是意大利著名画家达·芬奇的画作《蒙娜丽莎》。

藏于卢浮宫的德拉克洛瓦的游记

《草地上的午餐》，完成于1863年，当时这幅画被当做一件丑事，遭到沙龙的拒绝。作品所用的技巧也和画家所采取的表现主题的方式一样完全是革新的。

安格尔的《土耳其浴》

达·芬奇的《圣母、圣婴及圣安娜》。

丢勒的素描画

让·弗朗索瓦·米勒(1814~1875年)《拾麦穗的农妇》。画家以一种新的视野观察自然、表现世界。《拾麦穗的农妇》这幅画就是1857年米勒居住在巴比宗村时创作的。

《蒙娜丽莎》，画中这位淑女成了一个美学的、哲学的、甚至广告宣传的象征性形象，也早已成为达达主义和超现实主义画家模仿和歪曲的对象。

让·奥古斯特·安格尔(1780~1867年)《泉》，晚期的作品，完成于1856年。这幅精美绝伦的女性裸体画几乎受到所有人的一致赞叹。

卢浮宫内的拿破仑庭院与门前的玻璃金字塔

□阿维尼翁历史中心

阿维尼翁历史中心位于法国普罗旺斯地区的沃克吕兹省，距马赛西北约85千米。带有8个城楼的城堡，在1822～1906年曾被用作兵营。因罗马教皇克雷芒五世把皇宫迁到这里而建。教皇宫建在高出城市58米的岩石山上。

. □**建筑特色** 阿维尼翁历史中心是教皇修建的，城墙全长4300米，有城垛、堞眼和城门。宫殿是城堡式的，总面积达1.5平方千米，周围有柱廊的椭圆形广场。整个建筑给人庄重而威严的感觉。阿维尼翁还有一座建于公元12世纪的圣贝尼兹四拱桥，长900米，由21座桥墩、22个巨大的拱洞连接而成，充分体现了欧洲中世纪的建筑风范，为当地名胜之一。

□**阿维尼翁教廷** 在天主教历史上，1309～1377年，各代教皇主要迫于政治形势，不驻在罗马而驻在阿维尼翁，称为阿维尼翁教廷。第一代迁往阿维尼翁的教皇是克雷芒五世。阿维尼翁教廷中法兰西人占绝对优势。教皇格列高利十一世重新在罗马建立教廷，枢机主教团另选一位教皇充阿维尼翁的空缺，于是天主教会大分裂开始。这种另选"敌对教皇"的大分裂局面，一直延续到1417年始告结束。

□**阿维尼翁画派** 后期哥特式画派，14世纪下半叶至15世纪下半叶形成于法国东南部阿维尼翁城及其附近地区。阿维尼翁艺术和附近普罗旺斯地区艾克斯以及普罗旺斯周围地区其他中心的艺术，兼受意大利和佛兰德斯的影响——该画派始于"巴比伦之囚"时期(1309～1377年)，当时罗马教廷设于阿维尼翁。该地教皇宫殿以及附近城镇的一些世俗建筑物都用壁画作装饰，这些壁画在普罗旺斯牢固地确立了意大利的、特别是锡耶纳的绘画传统。1377年罗马教皇撤离后，阿维尼翁和艾克斯依然保有其作为重要艺术中心的地位。

阿维尼翁

法国东南部普罗旺斯山－蓝岸大区沃克吕兹省城市和省会。在尼姆东北，罗讷河东岸。早为高卢人要塞和罗马城市。1309年成为教皇都城后开始居重要地位。1791年以前，该市一直不属于法国领土，直到这一年法国国民议会占据此城，才结束了教皇对该市的统治。法国经过流血才占领该市。教皇宫建在高出城市58米的岩石山上，为带有8个城楼的城堡，1822～1906年曾被用作兵营，其中最大的一个城堡保存至今。山上还有许多小教堂、3个大教堂，有14世纪壁画。14～17世纪建了6座教堂。教皇修建的城墙环绕着城镇。总长5千米，有城垛、堞眼和城门。圣贝内泽四拱桥为当地名胜之一。阿维尼翁有活跃的贸易集市，生产葡萄酒。当地夏季艺术节内容包括教皇皇宫的露天剧和再现阿维尼翁历史场面的声光表演。

阿维尼翁的教皇宫

阿维尼翁圣贝尼兹桥

一尊圣女贞德骑马前进的
塑像。这件1874年由费莱米特
创作的艺术品，每年吸引着络
绎不绝的敬慕者前来瞻仰。

□卡尔卡松历史城墙都市

卡尔卡松历史城墙都市位于法国奥德河东岸高地的边缘。卡尔卡松现为法国朗格多克－鲁永大区奥德省城镇和省会。公元前5世纪被利比亚占领。公元前122年，罗马人占领普罗旺斯和朗格多克，改名为"卡尔卡松"。公元485年筑内城墙，外城墙则筑于路易九世在位期间。公元725年后，卡尔卡松逐渐发展成一座要塞。公元1262年，一座新城在河西岸的平地上出现，名为"圣路易斯堡"。内墙上增加了美丽的纳博讷斯门，成为进入旧城的唯一通道。门两旁建有两座翘角塔楼和一座双层碉堡，可对敌人进行侧翼攻击。1659年鲁永区地区并入法国，卡尔卡松从此不复为边境要塞。与一桥之隔的城市繁荣景象相比，数十年来，卡尔卡松始终静谧清幽，保持着皇家要塞的威严。

阿维尼翁历史

在14世纪基督教的西方，阿维尼翁曾扮演特殊角色。730年，阿维尼翁被毁。12世纪阿维尼翁兴盛时期，修建圣母玛利亚大教堂和圣贝内泽特桥。1342～1352年克莱门斯七世时期，阿维尼翁划入教会国。1378～1394年，克莱门斯七世由法国红衣主教选为对立教皇。1417年教会分裂结束。1443年红衣主教使节开始统治。1965年发掘发现新石器时代的遗物。

卡尔卡松

法国西南部朗格多克－鲁西永大区奥德省城镇和省会。位于图卢兹东南，近奥德河向东转弯处。奥德河将城市分成下城和旧城两部分。旧城保存有欧洲最好的中世纪防御工事遗迹。地处奥德河右岸孤立的小山顶上，公元前5世纪被伊比利亚人占领，后被高卢罗马人占据。485年筑内城墙，外城墙则筑于路易九世在位期间。其子腓力三世续建并在内墙上增加美丽的纳博讷斯门，是进入旧城的唯一通道。门两旁建有两座翘角塔楼和一座双层碉堡，可对敌人进行侧翼攻击。1659年随鲁西永地区并入法国，卡尔卡松不复为边境要塞。现在下城是卡尔卡松的商业中心。

空中俯瞰圣路易斯堡，这是欧洲保存完好的最大的中世纪城堡，令人叹为观止。

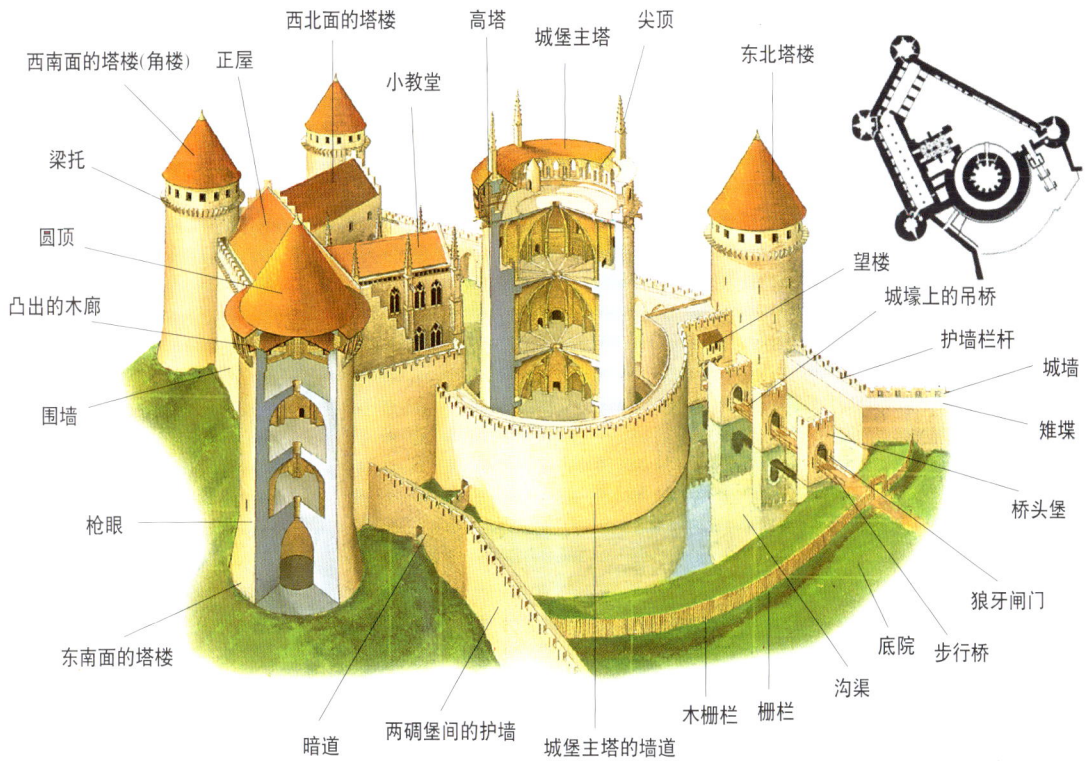

西南面的塔楼(角楼)　正屋　西北面的塔楼　高塔　城堡主塔　尖顶　东北塔楼　小教堂　梁托　圆顶　凸出的木廊　围墙　枪眼　东南面的塔楼　暗道　两碉堡间的护墙　城堡主塔的墙道　木栅栏　栅栏　沟渠　步行桥　底院　狼牙闸门　桥头堡　雉堞　城墙　护墙栏杆　城壕上的吊桥　望楼

法国埃纳省库茨城堡要塞的
建筑构造(13～15世纪)

左图：14～15世纪西班牙人建造的城堡要塞。要塞呈长方形，有便于防守的城墙与雄伟的角楼。现存遗址主要在塞哥维亚和托莱多等地。下图：路易斯堡要塞城墙。左图为法国中部洛什镇的古老要塞(11～15世纪)，远处是圣乌尔斯教堂。

□兰斯的圣母大教堂、圣雷米修道院和塔乌宫

兰斯的圣母大教堂、圣雷米修道院和塔乌宫位于法国北部的兰斯，建于公元13世纪。它将当时的建筑技巧与雕刻艺术完美地结合起来，而成为哥特式建筑的杰作和典范，其独特的魅力历经几个世纪而长存。教堂不仅是宗教仪式场所，而且还是圣雷米大主教的墓地，他的遗体至今安放在那里。他是法国国王加冕仪式的创始人。

□**圣母大教堂**　主要部分重建于13世纪，耳堂

兰斯市圣母大教堂的大厅，尽头有美丽的大圆花窗和下面的小玫瑰花窗。

兰斯的圣母大教堂

兰斯

兰斯法国东北部香槟－阿登大区马恩省城市。位于巴黎东北偏东，临韦勒河和马恩－埃纳河运河。地处葡萄和香槟酒产区。南有兰斯山，有著名的13世纪圣母大教堂为法国最漂亮的哥特式教堂之一，第一次世界大战时曾遭极大破坏，后大部分修复。壮观的3世纪凯旋门是该城罗马时代仅存遗迹之一。5世纪，法兰克国王克洛维在兰斯接受雷米主教的洗礼；为纪念此事，后大多数法国国王都在此受洗或受职，如查理七世于1429年在贞德到场参加时在此加冕。1945年5月在此签署第二次世界大战德国投降书。

的北部和正面大门的大部分建筑雕塑为哥特式风格。圣雷米修道院建于11世纪，有宽敞的罗马式大堂和早期哥特式风格的正门及祭台。有古罗马遗址(战神门)、皇家广场和其他建筑，还有博物馆(位于17世纪的原主教府)、美术馆、考古博物馆和历史博物馆(位于原圣雷米修道院)、勒维尔热公馆和旧兰斯博物馆。

兰斯的圣母大教堂内景

□**圣雷米** 496年圣雷米大主教为墨洛温国王克洛德维然(约466～511年)施洗。1211年开始建造大教堂。1481年火灾烧毁了大教堂的屋顶架和尖塔。1484年卡尔八世时期修复大教堂。1914年大教堂受炸弹袭击损坏。1918年重建主教权杖大厅。1919年和1930年发现大主教墓穴和卒于公元970年的奥达尔里希的墓,以及先期罗马式大教堂建筑的残余物。

兰斯市圣母大教堂的中央大门,有左右两扇,周围有《圣经》中的人物雕像。

兰斯市圣母大教堂东面高处的国王壁龛。中间双手交合的是法兰克国王克洛维,右侧是为他洗礼的主教圣雷米。

兰斯市圣母大教堂的正面建筑(13世纪)

兰斯市圣母大教堂内的雕塑《微笑的天使》

兰斯市圣母大教堂门柱上的圣母雕像，位于中央大门两扇门的正中门柱。

兰斯市圣母大教堂中央正门上的雕塑《圣处女的加冕》

□斯凯利格·迈克尔岛的修道院

斯凯利格·迈克尔岛的修道院位于爱尔兰西南部，创建于公元7世纪，原为一个小寺院的遗址。沿蜿蜒的石级小径通向山顶，便可看到六座蜂窝状的石屋，两座小祈祷室，一座教堂。公元950～1050年，修道院又建起了一座以圣迈克尔为守护神的教堂。公元12世纪末，修道院并入了巴林斯克利兹大修道院。

□**建筑特色** 斯凯利格·迈克尔修道院是以石头堆积而成的圆形棒状建筑物。它的大礼拜堂很有特色，呈倒扣的船形。石砌墙壁的墙根为直线形，向上渐渐呈圆形，顶部用大块石头砌成圆形，仅有西侧出口和小窗两个开口作为出入的通道。

斯凯利格·迈克尔

斯凯利格·迈克尔位于博勒斯角的西面，是大西洋中的一个岛屿，属于斯凯利希的领地。第一批爱尔兰基督教徒严格简朴的生活方式的历史见证。7世纪创建著名的圣－佛涅安修道院。823年诺曼人入侵。1044年修道院的有关情况从编年史中消失。

爱尔兰

总面积：70 282 平方千米

人口
◎ 500 000 以上
◉ 100 000 以上
◉ 50 000 以上
• 10 000 以上
· 10 000 以下

博因遗迹群

位于爱尔兰首都都柏林西北约45千米处，主要是出土的新石器时代的三座大型石墓，距今已有3000多年的历史。博因遗迹群是欧洲最大、最重要的史前巨石艺术展示地，是研究当时社会、经济和墓葬制度的实物性资料。(图为墓穴内部)

身着传统服
装吹风笛的男子

海拔
1000米
500米
200米
海平面

北

□**斯凯利格·迈克尔岛的修道院**

0　50 千米

0　50 英里

斯凯利格·迈克尔岛的
修道院修道士住的房屋

斯凯利格·迈克尔岛的石像

斯凯利格·迈克尔岛

(1)阿尔塔米拉洞窟

位于西班牙北部的桑坦德市西30千米处。1868年被一猎人发现。1875～1879年该地贵族M.德绍图奥拉到此，发现了动物骨化石和石器，及洞顶的野牛绘画。洞窟总长约270米。有奥瑞那文化时期、上梭鲁特文化时期及马格德林文化早期或中期的许多遗迹。(阿尔塔米拉山的岩洞壁画《野猪》)

(2)拉斯马德拉斯的矿山遗迹和景观

位于西班牙西北部，希尔河左岸，阿古利亚诺斯山地的北坡。矿山开采于公元1世纪，因有希尔河的水力资源，使采金业得到很大发展。(图为拉斯马德拉斯的矿山遗迹)

(10)阿斯图里亚斯王国的教堂

位于西班牙北部的奥维耶多市，规模不大，但以精巧别致而著name，对后来的西班牙教堂建筑产生了深远的影响。主要有圣玛利亚教堂、圣米格尔教堂和圣克利斯蒂那教堂等建筑。

(3)圣地亚哥-德孔波斯特拉

位于西班牙的西北部。"圣地亚哥"来源于基督十二圣徒之一圣雅各。圣地亚哥的主要建筑是圣地亚哥-德孔波斯特拉大教堂。它始建于1078年，1128年完工。(图为圣地亚哥-德孔波斯特拉大教堂重建于1738～1750年)

(4)萨拉曼卡古城

位于西班牙的萨拉曼卡，至今已有2000多年的历史。公元16世纪发展成为与牛津、巴黎、博洛尼亚齐名的大学都市，以萨拉曼卡大学最为著名。市内有许多建筑，最著名的建筑是马约尔广场和大教堂。(图为萨拉曼卡大学)

(5)埃斯科里亚尔修道院

位于西班牙首都马德里西北50千米，是一座修道院、皇宫、王陵三位一体的建筑物。始建于1563年，1584年落成。整个建筑群庄严肃穆，开创了西班牙文艺复兴建筑的先河。

(6)阿维拉旧城及城外教堂

位于西班牙首都马德里以西约90千米处。阿维拉是欧洲中世纪最大的一座要塞城堡城市，始建于1091年。城外大教堂建于公元12世纪初，与城墙紧紧相连。(图为西班牙阿维拉古城墙遗址)

(7)梅里达的罗马遗迹

位于西班牙西南部的梅里达。梅里达城是由罗马帝国在公元前25年建成的。城内现在仍存有许多罗马时代的遗迹。这些遗迹装点着古城，使它散发着醇美的古色古香。主要有罗马桥、竞技场、剧场、凯旋门等建筑。(图为罗马遗迹建筑)

(8)瓜达罗佩的圣玛利亚修道院

修道院位于西班牙塞雷斯省的瓜达罗佩，始建于1340年，建筑时间长达4个世纪。由于建造时间长，所以几个世纪来的种种流行的建筑风格和装饰艺术，都被建筑师运用到修道院的建设中。(图为圣玛利亚修道院正门)

(9)多尼亚纳国家公园

位于西班牙南部的韦尔瓦和塞维利亚，地处瓜达尔基维尔河三角洲，总面积约730平方千米。因其从内陆一直延伸到海洋，所以从内陆沙地、湿草原、沼地、湖泊到森林和海岸沙丘，各种地形应有尽有。这里植物种类丰富。动物也很多，其中鸟类就有128种，黑秃鹫和鸢等猛禽是珍稀物种。陆地动物有野兔、鼠、野马、原始野牛、旱龟、蛇和蜥蜴等。(图为多尼亚纳国家公园内的旱龟)

□塞戈维亚旧城及其大渡槽

□古城卡塞雷斯

□托莱多古城

□科尔多瓦历史中心

□塞维利亚大教堂、西印度洋群岛档案馆

海拔
2000米
1000米
500米
200米
海平面

北

0　　100千米

0　　100英里

(11)布尔戈斯的大教堂

位于西班牙北部的布尔戈斯，是当时布尔戈斯城的大主教建的。工程历时近100年才完成。布尔戈斯的大教堂纵深84米，顶高54米，是哥特式建筑。教堂外部的两座塔塔尖高耸，典雅高贵。(图为布尔戈斯的大教堂)

(12)圣米兰的尤索和苏索修道院

位于西班牙北部的洛格罗尼奥。苏索修道院建于公元10世纪，是一座罗马式建筑。尤索修道院建于公元16世纪，是哥特式建筑。尤索和苏索修道院的设计和施工都很普通，它们是以收藏着西班牙的国宝——西班牙文献《圣米兰之注记》而闻名。(图为尤索修道院)

西班牙

总面积 505 929 平方千米

人口

◎ 1 000 000 以上
◉ 100 000 以上
◎ 100 000 以上
◉ 50 000 以上
● 10 000 以上

(13)"朝圣之路"

位于西班牙北部的阿拉贡、纳瓦拉、拉·里奥哈、卡斯蒂利亚－莱昂、加里西亚等几个自治区。"朝圣之路"是通向圣地亚哥－德孔波斯特拉的路，因而沿途要经过166座市(镇、村)。沿途的城镇和村庄都建有教堂，承担接待和照料朝圣者的任务。(图为"朝圣之路"上的修道院)

(14)比利牛斯地区和佩尔杜山

位于西班牙东北部和法国西南部。海拔3352米，横贯西班牙和法国。比利牛斯地区在西班牙和法国两地的沟通中发挥了重要作用。该地区风光秀美，植物主要是植被类植物。哺乳类动物也很多，有800多种。(图为比利牛斯地区的冰川)

□巴塞罗那的加泰罗尼亚音乐厅和圣帕乌医院

□巴塞罗那的古埃尔公园、古埃尔府和米拉大厦

(15)波布莱修道院

位于西班牙塔拉戈纳蒙森山山麓，始建于1149年。修道院有三层围墙，第三道围墙之内是教堂和君主的住宅及一个大庭院。庭院有罗马式立柱和哥特式拱顶组合的回廊。

(16)特鲁埃尔的穆德哈尔式建筑

位于西班牙的特鲁埃尔。特鲁埃尔原为伊比利亚人居民点，8世纪以后成为摩尔人要塞，1171年由阿拉贡国王阿方索三世收复。穆德哈尔式建筑有大教堂、圣彼得堡教堂、圣马丁教堂等。(图为圣马丁教堂的塔楼)

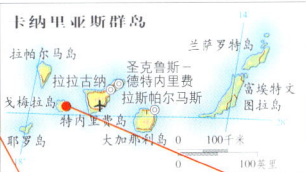

卡纳里亚斯群岛

拉帕尔马岛
圣克鲁斯－德特内里费
拉斯帕尔马斯岛
拉古纳
特内里费
富埃特文图拉岛
戈梅拉岛
耶罗岛
大加那利岛
兰萨罗特岛

0   100千米

0   100英里

(17)加拉霍艾国家公园

位于西班牙加纳利群岛中的戈梅拉岛，面积40平方千米，包括海拔1484米的加拉霍艾峰和小片公园。该岛为海洋性气候。该岛最珍贵的是第三纪遗留下来的月桂树，这种树在其他地方已经绝迹了。公园内只有少数鸟类。(图为加拉霍艾峰)

(19)要塞都市昆卡

位于西班牙的昆卡，距首都马德里以东约130千米，始建于公元9世纪，是伊斯兰教徒修建的，1189年，这里设立主教后成为王国宗教、行政及经济中心。昆卡的古老建筑有教堂、民居，还有别具特色的悬崖之家。(图为"悬崖之家")

□阿兰布拉和赫内拉利费

(18)巴伦西亚的"龙哈"

位于西班牙东部的巴伦西亚。"龙哈"在西班牙语是"丝绸交易所"的意思。始建于公元前2世纪的罗马时代，以农产品、工艺品和丝织品贸易闻名。1469年，城市决定兴建一座交易所适应丝绸贸易的需要。历经64年，交易所落成，这就是"龙哈"。(图为"龙哈"内的大厅拱顶)

□巴塞罗那的古埃尔公园、古埃尔府和米拉大厦

　　巴塞罗那的古埃尔公园、古埃尔府和米拉大厦位于西班牙的巴塞罗那。这些建筑都是由公元19世纪末、20世纪初西班牙最杰出的建筑大师之一安东尼奥·高迪设计的。

　　□古埃尔公园　古埃尔公园是高迪为其好友古埃尔设计的一系列建筑的其中之一,始建于1914年。公园建在一个斜坡上,可以尽览巴塞罗那城市风光。

　　□古埃尔府　高迪为其好友古埃尔设计的一系列建筑的其中之一。古埃尔府建于1889年。其最有特点的是中央大厅满天星式的透光天顶,构思奇巧。此外,内部的大理石纤细玲珑,墙壁植物花纹装饰精巧别致。

　　□米拉大厦　米拉大厦建于1910年,是一座5层住宅楼,是实业家佩德罗·米拉委托高迪设计建筑的。大厦占地1600平方米,外形像起伏的水波。多层楼板状如花束,是巴塞罗那城市最独特的建筑。

高迪

　　高迪(1852～1926年)加泰罗尼亚建筑师。自幼喜欢建筑,1870年就读于巴塞罗那的省立建筑学校。其独树一帜的设计,已超越任何的传统风格。他的设计主要在于表现结构及材料。结构系统的主要部分为承受斜向压力的倾斜的窗间壁和柱子,以及很轻的薄壳和叠层瓦拱顶。他是加泰罗尼亚工艺美术复兴运动的积极参加者。该运动在巴塞罗那把修建圣家族教堂作为其宗教象征。高迪设计的作品,将各种形式、材料及色彩汇成一体,形成奇妙的不拘一格的表现手段。他把复杂的几何形状与结构融合得如此完善,使人感到整个建筑物都像是按自然规律生长而成的天然之物。

高迪设计的富有加泰隆青春艺术风格的米拉大厦

古埃尔公园内的雕塑喷泉及阶梯

上图：毕加索博物馆馆址设于巴塞罗那高老城区蒙特卡达大街一座13世纪的阿吉拉宫内。毕加索的作品《阿维尼翁姑娘》。下图：超现实主义画家达利的作品《内战的预感》。

20世纪初期，西班牙安东尼高迪留给巴塞罗纳的天主教圣家族教堂作品，使他成为欧洲最具原创性的建筑艺术家。毕生的创作事业几乎都在巴塞罗纳开展。高迪的作品受到很多艺术风格的启蒙，包括哥德式、摩尔式建筑也受到当时新艺术主义的影响，不过高迪的风格还是在建筑史上绝无仅有的。

□阿兰布拉和赫内拉利费

阿兰布拉和赫内拉利费位于西班牙的格拉纳达。阿兰布拉的意思是红色城堡，占地1.4万平方米，是集城堡和王宫于一体的建筑群。始建于公元13世纪，后又历经扩建，成为宏伟壮丽的宫殿。赫内拉利费坐落在阿兰布拉附近的小山丘上，是国王夏季避暑的离宫。

□**阿兰布拉** 阿兰布拉坐落在东西长700米、南北宽200米的阿沙比卡小山丘上，四周有2000多米长的红色黏土墙环绕。阿兰布拉有5座城门。城堡内按用途可分为卫队防区、清真寺和王宫等几个区域。王宫是阿兰布拉建筑和装饰艺术的突出代表，有4个主要院落，每个院落的建筑和谐对称。

□**赫内拉利费** 赫内拉利费坐落在阿兰布拉所在山丘旁的"姊妹"山上，只有两组建筑物，分别蠹立在宽大庭院的两端。是国王夏季避暑的离宫。

□**艾勒汉卜拉宫** 安达卢西亚自治区格拉纳达东北部是阿尔贝辛区，该区濒达罗河，河对岸小山上耸立着著名的摩尔人宫殿艾勒汉卜拉宫。赫西班牙安达卢西亚地区格拉纳达的摩尔人王国的宫殿和城堡，建于1238～1358年。摩尔人修建部分现仅存宏伟的围墙、塔和壁垒。

弗朗西斯科·普拉迪利亚的画作《格拉纳达的移交》。1491年年尾，费南多与伊莎贝尔终于踢破格拉纳达的大门，大举进攻。到了1492年1月2日为止，天主教徒终于完成统一西班牙的大业，将伊斯兰教势力彻底消灭。

阿兰布王宫

上图：格拉纳达市艾勒汉卜拉宫的水渠花园，花园中有一条又长又窄的水池，酷似一条水渠。下图：摩尔人的传奇，艾勒汉上拉宫里的巴达尔花园，摩尔人设计园艺的基本元素是各种香花植物、池塘、水道。

上图：格拉纳达市艾勒汉卜拉宫的狮子院(始建于1377年)，中间有著名的狮子泉，四周有128根立柱支撑的长廊。下图：格拉纳达市艾勒汉卜拉宫的巴尔塔花园的水池，水池边有两座担任守卫的石狮。

格拉纳达市艾勒汉卜拉宫殿
西班牙式阁楼窗户，朝向御花园
窗户上有精美的浮雕雕刻

赫内拉利费围墙

格拉纳达市艾勒汉卜拉宫的巴尔卡大厅顶部饰纹，由苹果木雕刻而成，刻有圆形和棕叶形花纹。

阿兰布拉王宫

科尔多瓦历史中心的大清真寺

□科尔多瓦历史中心

　　科尔多瓦历史中心位于西班牙的科尔多瓦，临近瓜达尔基维尔河。它的历史可以追溯到公元前的罗马时代。罗马人统治该地区并建立了城市。到公元711年，被阿拉伯人占领，并在此定都。公元10世纪，科尔多瓦进入鼎盛期，成为伊斯兰世界中著名的大都市，与巴格达、君士坦丁堡并称世界三大文化中心。

　　□建筑特色　科尔多瓦历史中心的建筑，主要是公元8世纪以来有阿拉伯文化色彩的建筑，以及反映犹太教、基督教文化的建筑。

　　□哈里发王宫　哈里发王宫建于公元10世纪，坐落在科尔多瓦西南部。建筑分三层，上层是王宫，中间是附属建筑和小清真寺，下层是花园。

　　□罗马桥　罗马桥在科尔多瓦东南部，把瓜达

科尔多瓦的伍麦叶王朝与哈里发

　　穆斯林国家的统治者。穆罕默德去世(632-06-08)，由艾卜·伯克尔接替他的职务，称"真主使者的哈里发"。哈里发原义为"继承人"。大概在第二代哈里发欧麦尔时代，哈里发成为穆斯林国家政教首脑的名称。艾卜·伯克尔和他的3个直接继任者称正统的哈里发。此后，大马士革的伍麦叶王朝有14代哈里发，巴格达的阿拔斯王朝有38代哈里发。1258～1517年，开罗的马木路克人有几代阿拔斯王朝出身的有名无实的哈里发。此后奥斯曼帝国的苏丹使用这个称号，直至1924年土耳其共和国成立为止。750年大马士革的伍麦叶王朝垮台之后，西班牙科尔多瓦的伍麦叶王朝(755～1031)和埃及的法蒂玛王朝(909～1171)也都用哈里发一词称呼他们的统治者。

大清真寺

　　大清真寺是科尔多瓦最著名的建筑之一。始建于公元785年，占地2.34万平方米。寺院露天方院中，约有1/3面积是橘园。其东、西、北三面均是回廊。穿过天井，可以进入称为"迷宫"的圣殿。圣殿内有850根经过加工的科林斯式建筑的石柱，这些石柱把圣殿分成19行，每行各有29个拱门的翼廊，每个拱门设计成上下两层马蹄形的拱券，设计复杂，技艺高超。寺院中还有净身水池和礼拜堂。大清真寺内修建了一座哥特式的教堂，但后来仍然保留了伊斯兰建筑的风貌，用拱形装饰。

尔基维尔河和郊区连接起来。桥长238米，有16孔，桥的一端还修筑了高大的桥头堡。

　　□**科多瓦的历史**　公元711年，北非的穆斯林军队跨海作战，以奇袭的方式占领了西班牙。奥马亚登王子阿布德·阿尔－拉赫曼一世将科尔多瓦选定为自己酋长国"阿勒－安达卢斯"的中心。从此，史无前例的繁荣鼎盛时期开始了。在新君主的指挥下，

通过精心规划农田水利灌溉，成为丰饶的沃土。贸易和手工业也蓬勃发展。公元前152年创建罗马人的定居地科尔多瓦。758年成为阿布德·阿尔－拉赫曼一世的国都。785～796年第一次运用古典时期的柱子建造梅斯基塔清真寺。833～848年梅斯基塔清真寺扩建了12个穹拱。987～990年梅斯基塔清真寺扩建了8个穹拱。1236年被圣人费迪南德三世的军队占领。1486年克里斯托夫·哥伦布在城堡内受到了天主教国王的接见。1523年在梅斯基塔清真寺内建造大教堂。

　　科尔多瓦历史中心的大清真寺内拱型支柱，人们无不为这些由柱子和拱廊构成的神奇"森林"所惊叹。梅斯基塔清真寺的祈祷大厅里共有856根大理石柱子。

□塞戈维亚旧城及其大渡槽

塞哥维亚是西班牙卡斯蒂莱－莱昂自治区塞哥维亚省省会。在马德里市西北。公元前700年前后即为伊比利亚人居民点。公元前80年被罗马人占据。公元8世纪初受摩尔人统治。1079年由阿方索六世收复。阿方索十世在位期间辟为行宫。1586~1730年间为造币厂所在地。16世纪末遭瘟疫祸害后衰落，19世纪的铁路时代又恢复繁荣。著名教堂有12世纪的圣埃斯特万教堂、圣马丁教堂、拉特立尼达教堂、圣洛伦索教堂和圣米利安教堂等。该地中世纪晚期为纺织业中心，后为农业取代。塞哥维亚输水道是从弗里奥河向西班牙塞哥维亚市供水的输水设施。

□**塞戈维亚城**　塞戈维亚旧城及其大渡槽位于西班牙首都马德里以北约70千米处，是西班牙历史名城和著名古迹，是保存最完好的罗马时代的建筑遗迹。塞戈维亚城有建于公元13世纪的阿尔卡萨尔城堡、建于16世纪的大教堂，这些古老而美丽的建筑是塞戈维亚的骄傲。

□**阿尔卡萨尔城堡**　阿尔卡萨尔城堡城垣高而厚，尖塔高耸。进入城堡必须通过吊桥。城堡内有御座厅、凤梨厅和小教堂等建筑。

□**大教堂**　大教堂纵深105米，钟楼高88米，中央祭坛的屏风上有身穿银衣的圣母像。翼廊长70米，另有环廊及7个多边形的小礼拜堂。

□**大渡槽**　塞哥维亚市供水的输水设施始建于古罗马图拉真大帝(53~117年)时代，迄今完好。全长16千米。大渡槽用一种深色花岗岩干砌而成，地面以上部分长275米，由148个高9米以上的拱组成。中部因地势低凹，建造了双层拱，高出地面28.5米。有128个双层拱洞，全长813米，最高处约30米。

塞戈维亚城内大教堂

塞戈维亚引水高架渠

位于埃雷斯马河与克拉莫雷斯河之间的一处山崖突出部，海拔1000米，在马德里的西北。1~2世纪罗马城市建筑及其引水高架渠。714年被摩尔人占领。11世纪阿尔丰索六世重新占领。1088年城市修筑防御工事。12世纪扩建防御工事(阿尔卡扎尔)13~15世纪鼎盛时期、王宫、建造罗马式的圣马丁教堂。1208年拉·维·拉·克坦斯教堂举行落成典礼(神庙骑士团教堂)。1474年宣布天主教徒伊莎贝拉为女王。1525年建造大教堂及其88米高的尖塔，西班牙最后一个晚期哥特式大教堂。

西班牙罗马时代的大渡槽建于公元2世纪，是塞戈维亚最古老的、具有纪念碑意义的建筑。大渡槽全部用花岗岩石块砌成，有128个双层拱洞，全长813米，最高处约30米。

罗马桥在科尔多瓦东南部，把瓜达尔基维尔河和郊区连接起来。桥长238米，有16孔，桥的一端还修筑了高大的桥头堡。旧城被明显地打上了摩尔人建筑风格的烙印。这可以从福塔莱萨－德拉－卡拉奥拉城垛的大门外观上显示出来。

阿尔卡萨尔城堡

□托莱多古城

托莱多古城位于西班牙首都马德里西南约70千米处。早在公元前罗马帝国就在这里建城市。公元前193年提及凯尔特人－古伊比利亚人的城市托莱图姆。公元前1世纪被罗马人占领。573年西哥特王宫迁至托莱多。712年成为阿尔·安达卢穆斯林帝国的一部分。1085年卡斯特勒国王夺回被侵占的城市，并把它作为王国的首都。1492年36000名犹太人被驱逐出城，1561年托莱多鼎盛时期末，腓力二世王宫迁至马德里。1574～1614年格列柯在托莱多。1936年9月26日法国的追随者包围王宫70天最终占领王宫。

托莱多城中名胜古迹灿若繁星，举目皆是。有古朴雄伟的石筑拱桥、箭楼林立的阿拉伯古城墙、巍然雄峙的基督教教堂、富丽的贵族宅邸以及雅致的中世纪庭院、阿拉伯清真寺、犹太教堂，显示了托

托莱多的犹太教圣玛利亚教堂的内景，是托莱多主要的犹太教堂，约建于1180年。

西班牙托莱多市全景。这是一座高贵庄重的古城，具有众多的名胜古迹

托莱多大教堂的正门上方门楣的雕刻装饰，带有卡斯蒂利亚和阿拉贡王室的徽章。

托莱多大教堂

托莱多大教堂始建于1227年，耗时266年才建成，是西班牙著名的哥特式建筑。大教堂南翼廊有狮子门。教堂内最引人注目的是用200千克的金银宝石装饰的圣体显示台。粗犷的线条，原始的拱顶构造，极富伊斯兰特点的装饰画，堪称最富于民族色彩的艺术杰作。

托莱多的三王圣约翰修道院的回廊，是哥特火焰式风格的典型。

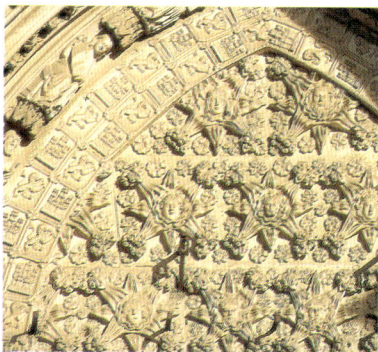

托莱多的三王圣约翰修道院的天花板，具有伊斯兰风格。

莱多多元文化的融合。城中最著名的建筑是托莱多大教堂、比萨格拉门、太阳门等。

□**比萨格拉门** 比萨格拉门是托莱多城的正门，建于6世纪中叶，门上刻有帝国皇鹰。

□**太阳门** 太阳门建于13世纪，此门居于子午线上，从日出到日落，太阳光总照着它。

上图：托莱多的三王圣约翰修道院的半圆形后殿，是融入了伊斯兰艺术风格的哥特式建筑。下图：托莱多城内西班牙画家格列柯住宅的入口处，住宅内收藏有许多珍贵的艺术品。

托莱多古城及托莱多大教堂

古城卡塞雷斯

□古城卡塞雷斯

　　位于西班牙的卡塞雷斯，始建于公元前3世纪初，由罗马人创建。9世纪起被摩尔人占据。1229年被莱昂图国王阿方索九世收复。是一座要塞之城，城墙上建有许多防卫塔楼。城中有几处中世纪建筑，如15世纪的圣玛利亚·拉马约尔教堂、16世纪所建哥特式圣马特奥教堂高塔、18世纪的圣弗兰西斯科哈比埃尔教堂。这些建筑体现了不同时代的特点。此外，城中还有建于12世纪最古老的卡尔巴哈尔公馆，及建于公元14世纪的城里现存的唯一一座托莱多风格的建筑——贵族住宅穆德哈馆。

　　□圣马特奥教堂　　圣马特奥教堂为单廊式，半圆拱上有扇形的穹隆。

　　□贝列塔斯公馆　　贝列塔斯公馆有罗马时代和西哥特时代的石圆柱，柱头上有4个马蹄形拱，其上还有5个穹隆。

　　□圣弗兰西斯科哈比埃尔教堂　　圣弗兰西斯科哈比埃尔教堂是一座三廊式建筑，有宽大的翼廊。采光窗上部是半球状的穹隆。它的正面有两座用粗石堆砌的、四角呈柱状的塔。

西班牙塞维利亚大教堂景观(15世纪)

□塞维利亚大教堂、西印度洋群岛档案馆

　　塞维利亚大教堂及西印度洋群岛档案馆位于西班牙的塞维利亚市。塞维利亚市是一座古老的城市，历史上产生了两位名人，一位是麦哲伦，一位是塞万提斯。1519年，麦哲伦从这里出发，完成了人类首次环球航行。西班牙文学大师塞万提斯则在这里完成了《堂·吉诃德》这部不朽名著。塞维利亚大教堂是世界第三大教堂。西印度洋群岛档案馆是收藏与美洲新大陆有关的文件的馆所。

　　□**塞维利亚大教堂**　塞维利亚大教堂始建于公元15世纪，历时120年才完成。它长116米，宽76米，面积8816平方米，与梵蒂冈的圣彼得教堂和伦敦的圣保罗教堂并称世界三大教堂。大教堂是在一座清真寺的遗址上修建的，遗留有清真寺的部分建筑风格。大教堂的比拉尔达塔即原清真寺内的一座

方形砖塔，高98米，在塔顶钟楼上悬挂了25口钟。教堂内安放着哥伦布和文学大师塞万提斯的灵柩。

　　□**西印度洋群岛档案馆**　西印度洋群岛档案馆原为交易所。1785年，国王命令建造一座印第安档案馆，在这里面首次搜集了曾经散落民间的有关新大陆的珍贵资料，其中在纸板封面和防尘封面之间保存着4000多万份文献档案，这或许是西班牙发现和征服美洲历史的最有力证明。哥伦布和麦哲伦的手稿就珍藏在这里。

　　□**塞维利亚的历史**　西印度洋群岛阿尔摩哈德王朝基督教重新征服安达卢西亚。711年阿拉伯人的移居地伊施比利亚。1091～1147年阿尔摩拉维德统治时期。1147～1148年阿尔摩哈德王朝统治时期。1184年创建今天的希拉尔达。1248年在被称为"圣

西印度洋群岛档案馆，收藏了许多西班牙人发现和征服美洲历史和印第安档案馆。

彼拉多宫殿的内院（带有雅典娜雕像）

大教堂的哥伦布豪华石棺

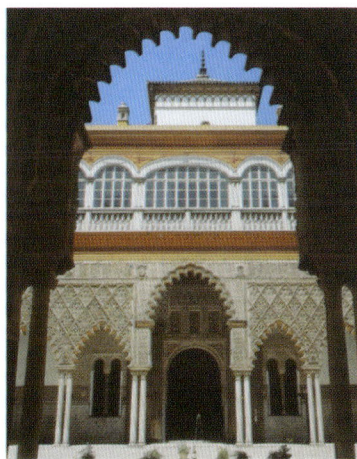

□巴塞罗那的加泰罗尼亚音乐厅和圣帕乌医院

巴塞罗那的加泰罗尼亚音乐厅和圣帕乌医院位于西班牙的巴塞罗那。这两座建筑被称为是西班牙现代主义建筑最完美的作品，1997年被列入世界遗产。

□**加泰罗尼亚音乐厅**　加泰罗尼亚音乐厅建于公元20世纪初。音乐厅内外大量使用马赛克和彩色玻璃装饰，与剧场大厅相映照，使整个音乐厅显得富丽堂皇，流光溢彩。舞台上还有生动传神的奏乐天使雕塑，是艺术精品。

□**圣帕乌医院**　圣帕乌医院占地10万平方米。医院的主楼建有高高的塔楼，像一座哥特式教堂。整座建筑用大理石、砂岩、砖、马赛克等建筑和装饰材料搭配起来，显得完美和谐，散发着迷人的光彩。

城堡德拉斯·东塞拉院落一瞥

传统著名的西班牙弗拉门歌舞蹈

人"的费迪南德三世领导下，重新征服该城。在1364年左右，建造城堡。1391年针对非基督教徒的大屠杀。15～17世纪西班牙对海外领地实行贸易垄断，被称为"黄金时代"。1526年卡尔五世与葡萄牙公主伊莎贝尔举行婚礼。1583～1598年建造德拉·隆哈之家。1785年根据卡尔三世的愿望，将所有关于发现美洲的档案文献都保存在印第安将军的档案馆里。1833年拥有39位圣人雕像的普埃尔塔·马约尔大教堂竣工。1992年举办国际博览会。

(上图)圣帕乌医院。(下图)加泰罗尼亚音乐厅。

葡萄牙

总面积: 91 950 平方千米

人口

◉ 500 000 以上
◎ 100 000 以上
⊙ 50 000 以上
· 10 000 以上

(1)阿尔科巴萨修道院

位于葡萄牙莱里亚行政区, 始建于公元12世纪末, 当时修道院长还是辅佐国王的评议会的一名成员, 有管理13座城、4个港口的权力。

(2)托马尔修道院

位于葡萄牙圣塔伦行政区, 距首都里斯本东北约120千米, 始建于公元12世纪。托马尔修道院集中了12～16世纪葡萄牙的建筑风格, 是欧洲最好的修道院。

□里斯本的赫罗尼莫斯修道院和贝伦塔

□辛特拉的文化景观

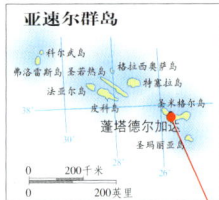

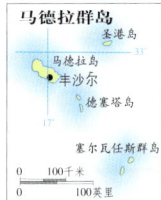

(4)波尔图历史中心

位于葡萄牙北部的波尔图区杜罗河入海口东岸, 是葡萄牙仅次于首都里斯本的第二大城市。它的历史可以追溯到公元前4000年～前3000年。该地区建筑古色古香, 显示了波尔图人民的智慧和才华。(图为波尔图远景)

(5)巴塔利亚修道院

位于葡萄牙莱里亚行政区, 距首都里斯本以北约120千米, 始建于公元15世纪初, 是葡萄牙人获得胜利后, 朱安一世为感谢上帝下令建立的。又称"胜利的圣玛利亚修道院"。(图为巴塔利亚修道院)

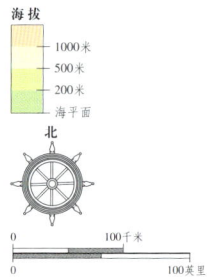

大

西

洋

西

班

牙

维亚纳堡
布拉加
布拉干萨
波瓦－迪瓦尔津
孔迪镇
沙维什
吉马朗伊什
马托西纽什
波尔图
雷阿尔城
加亚新堡
贡多马尔
阿威罗
维塞乌
埃什特拉拉山
科维良
科英布拉
菲盖拉达福什
什特雷拉山脉
卡尔达什－达赖尼亚
廷马
布朗库堡
佩尼谢
阿马多拉
圣塔伦
波塔莱格雷
克卢什·萨伦
阿瓜尔瓦加西姆
里斯本
埃什托里尔
奥迪瓦拉什
阿尔马达
巴雷罗
埃武拉
塞图巴尔
萨伦堡
奂武拉
特罗亚半岛
塞图巴尔湾
锡尼什
贝雅
拉古什
波尔蒂芒
法鲁
奥良
加的斯湾

海拔
1000米
500米
200米
海平面

北

0   100千米
0   100英里

亚速尔群岛

科尔武岛
弗洛雷斯岛 圣若热岛 格拉西奥萨岛 特塞拉岛
法亚尔岛 皮科岛
圣米格尔岛
蓬塔德尔加达
圣玛丽亚岛

0   200千米
0   200英里

马德拉群岛

圣港岛
马德拉岛
丰沙尔
德塞塔岛
塞尔瓦任斯群岛

0   100千米
0   100英里

(6)埃武拉历史中心

位于葡萄牙埃武拉行政区, 距首都里斯本以东约110千米。公元16～18世纪, 成为葡萄牙的两大文明都市之一, 也是当时的主教区。埃武拉的主要名胜古迹有埃武拉大教堂、沃伊奥斯修道院教堂、圣布拉斯教堂等。(图为埃武拉历史中心)

(3)亚速尔群岛的安戈拉·多·埃罗依斯莫市区

位于葡萄牙亚速尔群岛的特尔赛拉岛南部, 始建于1450年。市区的主要建筑有公元16世纪末葡萄牙人建造的圣塞巴蒂安要塞。1580～1640年西班牙建造的圣腓力要塞及公元17世纪建造的圣龚塞罗教堂。(图为安拉·多·埃罗依斯莫市区)

里斯本城区景观，坐落在特茹河边。

15世纪伟大的航海家亨利

1139年宣布葡萄牙独立
的第一位国王亨利克斯

麦哲伦

葡萄牙著名航海家和探险家，先后为葡萄牙(1505～1512年)和西班牙(1519～1521年)作航海探险。从西班牙出发，绕过南美洲，发现麦哲伦海峡，然后横渡太平洋。虽在菲律宾被杀，他的船只继续西航回到西班牙，完成第一次环球航行。后续的航行是由巴斯克的航海家埃尔卡诺完成的。麦哲伦被认为是第一个环球航行的人。

哥伦布

哥伦布(1451～1506)是所有时代最伟大的航海家之一，但是因为他对他宣称属于西班牙的西印度群岛的专制和任性统治，导致后来被召回国。他的杰出而且富有高度想象力的头脑，与敏感而独断专横的气质互相结合，使他当时的思想、作品以及行动，都表现出他是一个特别的人。最开始因为误会给他带来了荣华富贵，然而随着时间的推移，迎接他的下场却很悲惨，第三次从新大陆返航时，这位海军上将兼西印度总督已是披镣戴铐。1506年5月19日，他口述了遗嘱，两天之后去世。在巴利阿多利德举行葬礼后，哥伦布的遗体于1513年移葬到塞维利亚的岩穴圣母卡尔特派修道院内。他儿子迪埃戈的遗骨也埋葬在那里。1542年，两具遗骸均被运往伊斯帕尼奥拉，重葬于圣多明各的大教堂内。

241

里斯本市圣卢西亚教堂的墙壁，镶有彩釉瓷砖，上有绘画作品。

上图：赫罗尼莫斯修道院。下图：里斯本的商业广场，台阶朝向特茹河。

里斯本市的尖头房屋，石块被切削成钻石尖的形状，尖顶向外，是一种独特的建筑技术。

里斯本市圣文森特教堂美丽的外立面，覆盖着19世纪的方砖。

赫罗尼莫斯修道院回廊的豹身喷泉。

希腊

总面积：130 850 平方千米

人口
- 1 000 000 以上
- 500 000 以上
- 100 000 以上
- 50 000 以上
- 10 000 以上

(1)塞萨洛尼基古建筑

位于希腊的塞萨洛尼基，濒临爱琴海萨洛尼克湾，依偎连绵的群山。历史上曾先后被罗马帝国、拜占廷帝国和奥斯曼土耳其统治。因此，城中拥有不同时期、不同风格的建筑。主要是宗教建筑。

(2)韦尔吉纳的古都遗迹

位于希腊马其顿区。韦尔吉纳在公元前7世纪中期为马其顿王国的都城。主要古迹有公元前3世纪安提珂王朝的宫殿的遗址、建于公元前4世纪的大剧场和刻有铭文的神殿基座遗址。

(3)曼泰奥拉

位于希腊的特里卡拉巴卡镇。中世纪称斯塔戈伊。"曼泰奥拉"的意思是"悬在半空"。此处地质奇特，平均高达400多米的巨岩耸立，千姿百态，甚为壮观。山岩上雄踞着一座座修道院。大迈泰奥龙隐修院(1356～1372年)、圣三一隐修院(1458年)都有桥和梯道可通。(图为曼泰奥拉圣三一隐修院)

□德尔斐的考古遗址

(4)奥林匹亚的考古遗迹

位于希腊伊利亚州，距首都雅典以西约190千米，坐落在克洛诺斯树木繁茂、绿草如茵的山麓。最早的遗迹始于公元前2000年～前1600年，宗教建筑始于约公元前1000年。从公元前8世纪至4世纪末，因举办祭祀宙斯主神的体育盛典而闻名于世，是奥林匹克运动会的发祥地。(图为奥林匹亚的宙斯神庙中的雕塑)

(5)巴赛的阿波罗·伊壁鸠鲁神庙

位于希腊伯罗奔尼撒半岛的巴赛市，是为纪念神医伊壁鸠鲁而建的。传说他在公元5世纪曾使菲拉吉亚人躲过了一场瘟疫。(图为巴赛的阿波罗·伊壁鸠鲁神庙遗迹)

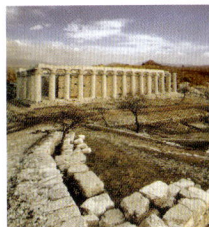

(6)梅斯特拉

位于希腊的卡兰巴卡城以北。因梅斯特拉山谷有许多岩石山洞，被隐士们认为是理想的隐居地。从1336年起，他们在悬崖峭壁上兴建了许多宗教建筑。这里的凯斯利恩教堂始建于1387年。教堂的后殿与避难所用油画装饰，富有艺术价值。

□迈锡尼和科林斯的考古遗址

(7)埃皮道鲁斯古迹

位于希腊伯罗奔尼撒半岛的纳夫普利亚省。主要包括埃皮道鲁斯圣地，阿波罗圣地和阿斯克莱比奥斯圣地。(图为德尔斐大剧场)

□ 辛特拉的文化景观

　　辛特拉的文化景观位于葡萄牙首都里斯本以西约24千米处。辛特拉是里斯本北郊的一座小镇，空气新鲜，风景优美。英国诗人拜伦在《恰尔德·哈罗德游记》中赞美过当地的秀丽景色。从公元13世纪后半期开始，成为王室的避暑胜地。公元14世纪，约翰一世在这里建造了夏季行宫——辛特拉宫。公元18世纪末开始，上层人士纷纷在这里建造别墅。

　　□建筑特色　辛特拉宫经多次增建，融多种建筑风格于一体。荷兰领事建造的塞特艾斯宫是新古典样式，是当时的豪华建筑。费尔南多二世建造的佩拉宫在一座529米的山上。宽大的庭院中，有一个种着世界各地植物的植物园，是伊比利亚半岛上风景优美的园林艺术中最杰出的典范之一。

辛特拉山地

　　这里有葡萄牙里斯本区小镇和3个堂区。山地位于辛特拉山地北坡，是伊比利亚半岛上风景优美的地区。辛特拉小镇出产著名的花岗石、玄武石、石灰石、大理石及雪花石膏等。辛特拉山地属于葡萄牙西部里斯本区山脉，从辛特拉城延伸至大西洋岸罗卡角，长约16千米。最高点在辛特拉以南，高529米。山坡上植物茂盛(属地中海和北欧植物区系)，气候温和，是旅游胜地。

辛特拉镇的佩纳宫

(8)圣山阿索斯

位于希腊哈尔基季基州，距首都雅典以北240千米，海拔2033米，面积364平方千米，景色非常迷人。传说这里是圣母玛利亚休息的庭院，玛利亚禁止其他女性踏入此山，因此，阿索斯山自古以来就禁止女性进入。(图为圣山阿索斯上的东正教寺院)

(9)拜占廷中期的修道院

概况：拜占廷中期的修道院位于希腊东南部。主要包括三座修道院，即达佛涅修道院、圣卢卡斯修道院和奈亚·莫尼修道院，分别坐落在雅典西郊、雅典西北约110千米处和爱琴海东部的希俄斯岛。

(10)萨摩斯岛的毕达哥利翁和赫拉神殿

位于希腊爱琴海东南部南斯波拉泽斯群岛。萨摩斯岛多树木、山峦。新石器时代早期，南岸蒂加尼附近已有人住。发掘有公元前5世纪末赫拉神庙和殿堂的遗址。(图为毕达哥利翁的赫拉神殿遗址)

(11)罗得－中世纪城市

位于希腊的罗得岛北部。它的历史可以追溯到公元前1100年。大约公元前292年～前280年，市民为纪念抵抗德米特里一世入侵(公元前305年)成功，建立了著名的罗得岛巨像。为世界七大奇观之一，以港湾为中心，罗得城逐渐形成规模，并越来越繁荣。(图为罗德岛上的城堡)

□蒂诺斯岛

□雅典卫城

米罗的维纳斯
(公元前3世纪～前1世纪，希腊)

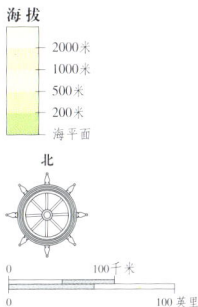

海拔

2000米
1000米
500米
200米
海平面

北

0　　　100千米

0　　　100英里

□德尔斐的考古遗址

德尔斐的考古遗址位于希腊弗吉达州，距首都雅典西北约120千米。德尔斐是传说的"世界之脐"，也是古希腊的宗教、文化中心。德尔斐遗迹主要建筑有雅典娜女神的旧神庙、阿波罗神殿、剧场、竞技场。这些建筑多是希腊古建筑中的精品。

□**剧场** 距离阿波罗神殿不远，建于公元前2世纪，可容纳5000名观众。

□**旧神庙** 旧神庙是为雅典娜女神而建。建筑物呈圆形，造型优美，姿态典雅。

□**阿波罗神殿** 阿波罗神殿是德尔斐圣城的中心建筑物，是各地朝拜者的朝拜圣地，始建于公元前6世纪。在神殿的前后各有6根、西侧各有15根维多利亚柱子，是用石料精雕细刻而成的。

□**竞技场** 竞技场是古希腊的四大运动场之一，可举办音乐、竞技和体育活动。竞技场上的起跑线至今仍可辨明，起点至终点距离约为177米。

通向阿波罗神庙的神路和雅典人建造的圣殿，图片正中是保存最好的一座圣殿。

德尔斐的锡夫诺斯宝库檐壁上的浮雕（约建于公元前525年），表现狮子和巨人的战斗。

阿波罗神庙台基支撑墙上的雕刻，刻有上百个当时官方的文件。

德尔斐的阿波罗神庙遗址，现存6根立柱。

德尔斐的阿波罗神庙西北方的古剧场遗址，建于公元前4世纪。

斯凯利希·米歇尔

斯凯利希·米歇尔位于博勒斯角的西面，是大西洋中的一个岛屿，属于斯凯利希的领地。第一批爱尔兰基督教徒严格简朴的生活方式的历史见证。7世纪创建著名的圣－佛涅安修道院。823年诺曼人入侵。1044年修道院的有关情况从编年史中消失。

斯普利特城的科林斯式罗马建筑柱顶

德尔斐的雅典娜神庙和俄罗斯纪念碑遗址，建于公元前4世纪。

□雅典卫城

雅典卫城位于希腊首都雅典，距今已有3000年的历史。卫城坐落在面积约为4平方千米的一块高地上。除西面外，其余三面都是断崖绝壁。公元前1500年，雅典卫城是王宫所在地。从公元前800年开始，人们兴建神庙等祭祀用的建筑物，使之成为雅典宗教活动中心。雅典卫城是希腊最杰出的建筑群，因建筑物多为供奉雅典保护神而建，因此多为神殿。现存的主要建筑有山门、埃雷赫修神庙、伊瑞克提翁神庙、帕台农神庙等，1987年被列入世界遗产。

□山门　雅典卫城的山门正面高18米，侧面高13米。山门左侧的画廊内收藏着许多精美的绘画。山门右前方有雅典娜女神庙。

□埃雷赫修神庙　埃雷赫修神庙是雅典卫城建筑中爱奥尼亚样式的典型代表，建在高低不平的高地上。神庙内供奉着雅典娜、波塞冬、赫菲斯托斯等希腊诸神。

□伊瑞克提翁神庙　伊瑞克提翁神庙由三个神殿、两个门廊和一个女像柱廊组成。庙内的柱子雕刻精美，是希腊晚期爱奥尼亚柱式建筑的代表作。

帕提侬神庙，建于公元前447年～公元前432年。庙中神殿中原有雕刻家菲迪亚斯用黄金和象牙雕刻的雅典娜神像。

帕台农神庙

帕台农神庙是雅典卫城最著名的建筑，它是古希腊建筑艺术的纪念碑，被称为"神庙中的神庙"。神庙呈长方形，全部用晶莹洁白的大理石砌成。神庙长69.5米、宽30.88米，外部由46根高90.4米的大理石柱环绕。神庙分前殿、正殿和后殿。神庙中原来供有一尊高达12米的雅典娜女神像，全身饰有黄金和象牙。"雅典"也由此而得名。

希腊埃伊纳岛，死亡战士，大理石雕刻。

希腊雅典卫城

古希腊神话：端坐在奥林匹斯山上的宙斯，对忒提斯海女神的苦苦哀求，毫不动心，仍保持威严庄重的神态。此画是19世纪法国古典主义画家安格尔的杰作。

□里斯本的赫罗尼莫斯修道院 和贝伦塔

里斯本的赫罗尼莫斯修道院和贝伦塔位于葡萄牙首都里斯本西南。赫罗尼莫斯修道院是为向开辟印度航线的祖先表示敬意而修建的。贝伦塔也是为颂扬开辟好望角航线的瓦斯科·达·伽马的丰功伟绩而建造的一座灯塔。

□**赫罗尼莫斯修道院** 赫罗尼莫斯修道院建于1517年，是石灰岩结构。墙壁上的装饰形成一个天然的舞台布景。修道院教堂廊柱上的巨型圣像是后期哥特式的杰作。

□**贝伦塔** 贝伦塔由石灰石块建成，高35米，具有葡萄牙独特的曼奴埃尔建筑风格。主体为五层四边形。塔身雕刻着绳索、网等与船和海有关的图案。中庭耸立着"成功圣母像"。塔身胸墙上的窗花格体现了伊斯兰风格，螺旋形的小尖塔则是具有印度特色的作品。

赫罗尼莫斯修道院的内院，四周的回廊是精致的连拱长廊。

贝伦塔塔身胸墙上的窗花格体现了伊斯兰风格

16世纪时里斯本港口
去往巴西殖民地的货船

里斯本

葡萄牙首都。位于特茹河右岸。

地理概况: 里斯本是葡萄牙重要的港口、行政和商业中心城市。1966年起, 工业(钢铁、化工、造船)发达的南岸地区通过桥梁与市区相连。北岸地区集中了主要旅游景点, 1998年开通的达伽马桥穿过该地区。

历史: 里斯本由腓尼基人建立, 716～1147年间被摩尔人占领。从13世纪起, 它成为葡萄牙首都。15世纪时, 利用葡萄牙的海上和殖民贸易活动达到极大的繁荣。1755年发生的大地震将其夷为平地, 后在旁巴尔的率领下得到重建。1988年在一次火灾中, 里斯本的古代城区遭到严重破坏。

艺术: 有罗马风格的大教堂、位于特茹河边的贝雷姆塔、古老的圣热罗姆修道院(16世纪初)、建于17世纪初的圣文森特教堂、建于18世纪末以商业广场为中心的建筑群。有各种主题的博物馆: 考古与人种学、古代艺术(葡萄牙原始艺术)、装饰艺术、海军、民间艺术、现代与当代艺术, 以及藏品丰富的古尔本江基金会博物馆。为1998年世界博览会的召开而修建的海洋馆位于特茹河陡峭的河岸两边, 其建筑都围绕着海洋主题进行布置。

里斯本的航海纪念碑

葡萄牙首都里斯本

神路

帕提侬神庙，建于公元前447年~公元前432年。庙中神殿中原有雕刻家菲迪亚斯用黄金和象牙雕刻的雅典娜神像。

雅典娜雕像，戎装执矛，菲迪亚斯设计。

圣物库

北部门廊

阿尔提米斯·伯罗尼亚神殿

雅典娜尼克神庙，自公元前432年始建。

雅典伊瑞克提翁神庙，建于公元前421年~公元前406年。

雅典卫城

雅典卫城的山门，建于公元前437年~公元前432年。

希腊帕台农神庙南部柱廊(女像柱)

米罗的维纳斯(公元前3世纪~前1世纪，希腊)

塞勒涅(月亮女神)的马头，来自希腊大理石雕刻。

□迈锡尼和科林斯的考古遗址

迈锡尼和科林斯的考古遗址位于伯罗奔尼撒东北部。迈锡尼是古希腊最伟大的文化传统中心之一，至公元前12世纪达到鼎盛时期。该遗址在荷马史诗中曾被提到过。宏伟的宫殿、城堡建筑及圆顶式墓葬，是迈锡尼文明的基本特点。科林斯古城遗址位于科林斯湾东端海拔约90米的台地上，公元前3000年前已有人住，1999年被列入世界遗产。

□**迈锡尼卫城**　迈锡尼卫城外围由巨大的回形墙所围绕，墙体窄部为3米，宽处为8米。入口的狮子门是最著名的景观之一。卫城以城堡、圆顶墓建筑及精美的金银工艺品著称于世。

□**城堡**　从城堡入口处的狮子门起，有一条坡道直达宫殿的西南入口。主要由两个建筑群组成，一

迈锡尼文明的文字画板

迈锡尼文明几何
装饰的双耳尖底罐

迈锡尼考古遗址圆顶墓入口

迈锡尼壁画

迈锡尼卫城的考
古遗址入口的狮子门

迈锡尼考古遗址全貌

阿伽门农的金制人面具，属于传说中特洛伊战争时，希腊军队的统帅迈锡尼国王阿伽门农。

个原居小山之顶，后被毁；另一个位于南面较低的地方，两端有人工堤围栏。宫殿的特色是类似较早的希腊模式的大厅，叫做正厅，中间有一个圆形的地炉，两旁各有一根圆柱，还有玄关和接待室。正厅形成建筑物的中心。庭院周围其他房间的地面和墙壁都涂有灰泥。墙上有壁画装饰，其中一幅表现的是城堡前战斗的场面。在城堡里还有家臣的房屋。最壮观的"柱房"有3层楼高。另有"坡房"、"南房"、"丛塔斯房"等房屋及粮仓等建筑。

□圆顶墓 始建于公元前1500年左右，是国王的墓。此时的迈锡尼国家被称为"圆顶墓王朝"。内有大量金器、银器和青铜器，显然为氏族部落首领所有。从墓里出土的器物看，圆顶墓王朝明显受克里特文明的影响。阿卡亚人的线形文字B(希腊文最早的一种写法)出现于克里特的克诺索斯王宫，是迈锡尼取得胜利的标志。这些字简上的文字与伊文思在挖掘克诺索斯的过程中所发现的B类线性文字几乎属于同一类型。

古科林斯城遗址

位于阿克罗科林斯城堡正北，一道周长约10千米的环形墙把二者连在一起。两道平行的墙和一条通向该城主要市场入口的石路使该城与其主要港口莱海乌姆相接。市场内主要遗址的一大部分为罗马时代建筑。公元前4世纪，建成一座长160米的巨大柱廊围在南面。紧挨在南面柱廊的后面，是通向该城在萨罗尼克湾的另一个港口肯赫雷埃的道路起点。市场西北的小丘上矗立着7根多立克式圆柱，为阿波罗神庙(约公元前550年)遗址。当地还散布着其他神庙、别墅、一个剧场、店铺、公共浴池、制陶工场、一处竞技场、一座巨大的凯旋门等建筑遗址，这些都是自1896年以来经大范围挖掘发现的。

迈锡尼考古遗址

□蒂诺斯岛

　　蒂诺斯岛位于希腊爱琴海中部的基克拉泽斯群岛，距首都雅典东南约160千米，由39个大小不一的岛屿组成。公元前3000年时岛上已有人居住。公元前10世纪～前9世纪爱奥尼亚人带来勒托(传为阿耳忒弥斯和阿波罗之母)崇拜。在希腊神话中，这里是太阳神阿波罗的诞生地，因此成为宫殿圣地。由于地处爱琴海地理上的中心而成为当时的贸易中心，并由此确定了自己的政治地位，亦成为古代爱琴海群岛的宗教、政治、经济、文化、历史中心。蒂诺斯岛的历史遗迹主要包括阿波罗神殿遗址、阿尔忒弥斯神殿遗址、私人住宅遗址、剧场遗址。

　　□私人住宅遗址　　私人住宅遗址中有一座两层住宅，因为里面有赫耳墨斯神的头像而被称为"赫耳墨斯宅"。

　　□剧场　　剧场建于公元前22年，墙壁用大理石砌成，有13级看台，可容纳5000名观众。

希腊蒂诺斯岛上建于公元前2世纪的阿波罗神殿的遗址

阿波罗神殿

　　阿波罗神殿建于公元前5世纪，是多利亚式神庙建筑。在通往阿波罗神殿的圣道右侧，排列有10座以上的石狮，这些石狮连同基座是用整块大理石雕成的，形象逼真、充满力量，是大理石雕像中的杰作。狮像现在还存有5座。

阿波罗神殿的圣道右侧的石狮

阿波罗神殿圣道

古希腊神话中神通广大的波塞冬是专司海洋主宰马匹的神祇。正在用自己的三叉戟瞄准。

(1) 伊凡诺沃的石窟教堂群

位于保加利亚鲁扎格勒。洛姆河左岸的伊凡诺沃村附近，距首都索非亚东北约240千米。公元12世纪末，由一些僧侣在山岩上开凿而成，各个教堂由一些走廊和木拱连接在一起，都装饰了绚丽的壁画，工程一直延续到1396年才完成。教堂的建造使伊凡诺沃成了国教和文化中心。(图为伊凡诺沃的石窟教堂内景)

保加利亚

总面积：110 550 平方千米

人口
- 1 000 000 以上
- 100 000 以上
- 50 000 以上
- 10 000 以上

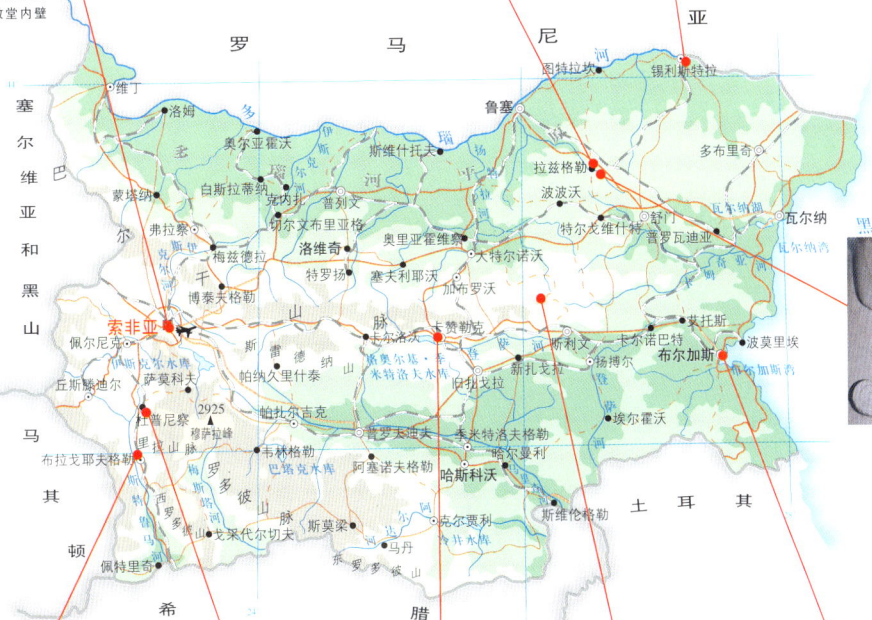

(2) 博亚纳教堂

位于保加利亚首都索非亚以南约8千米处，由三座教堂构成，风格各异，但整体协调。三座教堂分别为东教堂、中教堂和西教堂，各具特色(图为博亚纳教堂西教堂内壁画)。

□斯雷伯尔纳自然保护区

图为保护区内的灰翠鸟

(5) 斯维士达里色雷斯人古墓

位于保加利亚的拉兹格勒。墓地中有精美的石棺，葬着色雷斯人的神官王和他的王妃。墓中还有马匹等陪葬品。(图为墓地墓室雕塑)

□里拉修道院

海拔
- 2000 米
- 1000 米
- 500 米
- 200 米
- 海平面

□皮林国家公园

图为皮林国家公园内的棕熊

北

0   50 千米

0   50 英里

(3) 卡赞勒克的色雷斯人古墓

位于保加利亚的卡赞勒克，距首都索非亚以东160千米。古墓中有许多壁画内容是表现色雷斯人的葬礼的情景。这些画有黑、红、黄、绿、白、褐及一些中间色构成。鲜艳而和谐的色彩至今保持较好。(图为墓室内壁画)

(4) 马达拉的骑手像

位于保加利亚马达拉高原的岩壁上，距离地面23米，用红色灰浆涂成。骑手同真人般大小，一条猎犬紧随其后，骑手御马而行，而一只被长矛刺中的雄狮被马紧踏蹄下，生动而传神。这座浮雕是公元8世纪的保加利亚原始部落所刻，表达了部落征战胜利的情景。(图为骑手像局部)

(6) 内塞伯尔古城

位于保加利亚的布尔加斯。距今已有3000年的历史。内塞伯尔古城的古迹建筑是留存至今的十多座教堂，几乎代表了基督教文明的每一个时期。这些教堂的建筑工艺富有独创性。由小块的凝灰岩和数排砖头交错重叠，构成各种奇异的装饰图案。(图为内塞伯尔古城内一教堂)

□里拉修道院

里拉修道院位于保加利亚首都索非亚以南约60千米处，始建于10世纪中期，公元14世纪初期毁于地震，后又得到重建，并修筑了坚固的城堡。1833年，一场大火再度将之化为灰烬。为重建修道院，保加利亚各地的居民自发地向这里运送了大量的石块、木材、灰浆等建筑材料，使里拉修道院很快重新矗立在山谷。修道院海拔1200米，占地8800平方米，周围风景绚丽多姿，上面是笔直的山崖和高耸的山峰，里拉山马彦查部分和勃里切鲍尔的陡峭滑坡从两侧包围，四周的针叶林和山毛榉林郁郁葱葱，映衬出修道院的清悠和宁静。

□**建筑特色**　修道院的建筑结构很像中世纪的城堡。主要建有教堂、防御塔和一座半圆形的四层楼房。

□**教堂**　建在修道院的中央，是献给圣母玛利亚的。教堂有24个圆屋顶。墙上的壁画出自名家之手，是保加利亚宗教画中最杰出的作品。

□**防御塔**　防御塔高25米，有无数射击口。塔有5层，最高一层是有壁画装饰的教堂。

□**楼房**　半圆形的四层楼房有300个房间，供朝圣者居住。

里拉修道院回廊内的彩绘壁画

首都索非亚市远眺

里拉修道院外景

(1)伊凡诺沃的石窟教堂群

位于保加利亚拉兹格勒，洛姆河左岸的伊凡诺沃村附近，距首都索非亚东北约240千米。公元12世纪末，由一些僧侣在山岩上开凿而成，各个教堂由一些走廊和木拱连接在一起，都装饰有绚丽的壁画。工程一直延续到1396年才完成。教堂的建造使伊凡诺沃成了国教和文化中心。(图为伊凡诺沃的石窟教堂内景)

保加利亚

总面积：110 550 平方千米

人口
- □ 1 000 000 以上
- ◎ 100 000 以上
- ○ 50 000 以上
- • 10 000 以上

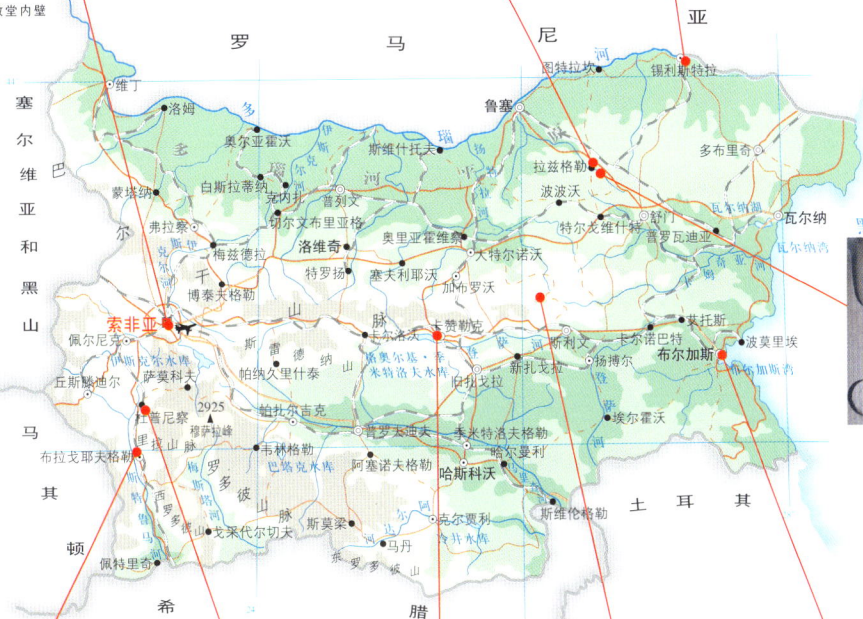

□斯雷伯尔纳自然保护区

图为保护区内的灰翠鸟

(2)博亚纳教堂

位于保加利亚首都索非亚以南约8千米处，由三座教堂构成，风格各异，但整体协调。三座教堂分别为东教堂、中教堂和西教堂，各具特色(图为博亚纳教堂西教堂内壁画)。

(5)斯维士达里色雷斯人古墓

位于保加利亚的拉兹格勒。墓地中有精美的石棺，葬着色雷斯人的神官王和他的王妃。墓中还有马匹等陪葬品。(图为墓地墓室雕塑)

□里拉修道院

□皮林国家公园

图为皮林国家公园内的棕熊

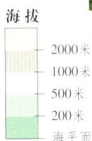

海拔
- 2000 米
- 1000 米
- 500 米
- 200 米
- 海平面

北

0   50 千米
0   50 英里

(3)卡赞勒克的色雷斯人古墓

位于保加利亚的卡赞勒克，距离首都索非亚以东约160千米。古墓中有许多壁画内容是表现色雷斯人的葬礼的情景。这些画用黑、红、黄、绿、白、褐及一些中间色构成。鲜艳而和谐的色彩至今保持较好。(图为墓室内壁画)

(4)马达拉的骑手像

位于保加利亚马达拉高原的岩壁上，距离地面23米，用红色灰浆涂成。骑手同真人一般大小，一条猎犬紧随其后，骑手御马而行，而一只被长矛刺中的雄狮被马紧踏蹄下，生动而传神。这座浮雕是公元8世纪的保加利亚原始部落所刻，表达了部落征战胜利的情景。(图为骑手像局部)

(6)内塞伯尔古城

位于保加利亚的布尔加斯。距今已有3000年的历史。内塞伯尔古城的古迹建筑是留存至今的十多座教堂，几乎代表了基督教文明的每一个时期。这些教堂的建筑工艺富有独创性。由小块的凝灰岩和数排砖头交错重叠，构成各种奇异的装饰图案。(图为内塞伯尔古城内一教堂)

□里拉修道院

里拉修道院位于保加利亚首都索非亚以南约60千米处，始建于10世纪中期，公元14世纪初期毁于地震，后又得到重建，并修筑了坚固的城堡。1833年，一场大火再度将之化为灰烬。为重建修道院，保加利亚各地的居民自发地向这里运送了大量的石块、木材、灰浆等建筑材料，使里拉修道院很快重新矗立在山谷。修道院海拔1200米，占地8800平方米，周围风景绚丽多姿，上面是笔直的山崖和高耸的山峰，里拉山马彦查部分和勃里切鲍尔的陡峭滑坡从两侧包围，四周的针叶林和山毛榉林郁郁葱葱，映衬出修道院的清悠和宁静。

□**建筑特色**　修道院的建筑结构很像中世纪的城堡。主要建有教堂、防御塔和一座半圆形的四层楼房。

□**教堂**　建在修道院的中央，是献给圣母玛利亚的。教堂有24个圆屋顶。墙上的壁画出自名家之手，是保加利亚宗教画中最杰出的作品。

□**防御塔**　防御塔高25米，有无数射击口。塔有5层，最高一层是有壁画装饰的教堂。

□**楼房**　半圆形的四层楼房有300个房间，供朝圣者居住。

里拉修道院回廊内的彩绘壁画

首都索非亚市远眺

里拉修道院外景